我想，任何美好的事物都不是轻松得来的，一定都在路上跑了好久，最终来到你面前，对你伸出双手，说一声不好意思让你久等了，诚邀你的加入。

即使孑然一身，路遥人稀，都要拥有最真实的自己和最遥远的理想。

生命里所有的安排，都是最好的安排。

不管路有多难，心里一定要有海的颜色。

雨过，总会天晴；道理，你我都懂。

慢慢来。慢慢的，幸福就会来。

愿你我光芒，永不消失。

没有人是无时无刻负责给人正能量的太阳，我们都有偶尔对这个世界灰心失望的时候，尤其是当用心付出却得不到换位思考的理解与尊重时。可是低头哭泣完，总要抬头。窗外是晴空、白云，而前方是春天、光明。列车飞驰而过的，除了村庄、河流，还有无怨无悔的时光吧。

拼了命尽了兴

-PIN-

小令君
著

武汉出版社

（鄂）新登号 08 号
图书在版编目（CIP）数据

拼了命，尽了兴 / 小令君著 .-- 武汉 : 武汉出版社，2015.6
ISBN 978-7-5430-9222-8

I . ①拼… II . ①小… III . ①成功心理－通俗读物
IV . ① B848.4-49

中国版本图书馆 CIP 数据核字 (2015) 第 110117 号

上架建议：心理学·励志

著　　者：小令君
责任编辑：雷方家
出　　版：武汉出版社
社　　址：武汉市江汉区新华路 490 号　邮　编：430015
电　　话：（027）85606403　85600625
http：//www.whchs.com　E-mail：zbs@whchs.com
印　　刷：北京正合鼎业印刷技术有限公司
发　　行：北京天雪文化有限公司　电　话：（010）56015060
经　　销：新华书店
开　　本：880 × 1230mm　1/32
印　　张：9　字　数：233 千字
版　　次：2015 年 8 月第 1 版　2015 年 8 月第 1 次印刷
定　　价：36.80 元

推荐序

面对这样的女孩，我深深地感动

我第一次认识小令君（注：本名王令凯）的时候，是在几年前。那时的我和她，在同一家出版社同一个时间段出书，一来二去就认识了。那时的我觉得，这么一个游走四方、放弃哈佛剑桥录取通知书而创业、最高纪录一天赚10万人民币的姑娘，哼哼，有什么了不起的，长这么漂亮，肯定不是亲爹有能耐，就是背后有干爹，否则一个大学生，还是个看上去很柔弱的女孩子，怎么会有这么大的能耐？就算是自己的本事，这种女孩，也绝对是逼叨叨女强人类型的，肯定不能做朋友！我就是这么一个“小肚鸡肠加嫉妒心强”的女生。那时的我真是这么想的，所以很长一段时间都只是认识，而不是熟悉。

后来我忘了到底是怎么熟悉起来的，并且能够熟悉到夜夜发短信的程度！素未谋面好几年，还能聊得掏心掏肺的。我也忘了我是怎么不再嫉妒她的，忘了如何忘记她是白富美的，也忘了我是个记仇的天蝎座。

我们第一次见面，是她拿了天使投资人（注：新东方创始人徐小平）的风险投资，跑来北京看我和我儿子的时候。一袭红色的大裙子，衬托着娇艳欲滴的她，手里捧着一堆瓜果梨桃。那是我们第一次见面，彼此都没什么拘束，也没太多初次见面的激动和尴尬，就像邻居串门一样自然。期间，她抱着我儿子，接了人生第一个确认投资的电话。挂了电话，又转身抱着我儿子满屋子跑着玩。我在背后看着她的身影，心里生出一股强大的感动，为这个单纯的、努力的、单打独斗在这个商界世界里的、亲爱的女孩——究竟，你是怎样美好的一个人？

其实，今天的我依然不知道，小令君是如何在大学就能创业还能赚得盆满钵满的，如何在最高潮的时候放弃第一个公司转入时装定制行业，又如何在第三次创业中半年开起了三家沙拉店……我只见过她为了创办沙拉店每时每刻的努力，今天奔波好几个城市选地址；明天精打细算定家具；后天自己徒手上阵搞装修；大后天与商场的霸王条款做斗争，斗争不过就一个人坐在路边哭……当我自己坐在空调房李听着音乐，喝着咖啡，吃着小龙虾和烧烤，与朋友聊着小天的时候，小令君在同一个平行的时段里，经历着与我天差地别的生活。她不仅没有干爹，还帮家里还了不少的外债。她不仅没有家人帮忙，连朋友能帮得上的也很少（主要是她野心太大，我们跟不上）。面对这样一个姑娘，当她能一个人半年开起三家店，她赚得比我多得多，过上了比我好的生活时，我有什么不平衡的呢？我有的只是深深的感动！

说实话，作为小令君新书的开篇序，这本应是篇很励志的文章，里面充满对她奋斗史的赞赏与宣扬，但真写的时候，我脑子里那个温婉可人的女孩，根本让我写不出斗志昂扬的话来。我脑子里浮现出很多时光中的小令君，那个为了帮家里分忧，每天奔波打四份工，只吃学校食堂八毛钱一份的南瓜和两毛钱米粉的小令君；那个为出国起早摸黑，逼着英语无比垃圾的自己考到GMAT760分的小令君；那个为想去自己想去的地方没日没夜努力赚钱到经济独立的小令君；那个被人骗得倾家荡产又擦干眼泪东山再起的小令君……

或许，在很多人眼里，小令君是白富美、北大港大双硕士、哈佛剑桥录取者、拥有好身材、游历世界、有钱、怎么吃都不会胖、创业日进斗金，样样一帆风顺。但在我眼里，她始终是那个半夜三点才忙完，蹲在路边哭，帮家里还债，拼命往前跑，自己赚钱自己花，单纯善良得有点傻，半夜给我发短信聊天的女孩。

写这篇文章的时候，和正刚刚翻开这本书的你一样，我也没看过这本书，但我想写下我心里的小令君，不为勾起你无限的好奇心，只为告诉你，在这个飘渺而功利的世界里，别抱怨什么富二代挡住了你前进的路，只要你疯狂地努力，每一个普通人，都可以成为一个传奇。以及，成为传奇后，别骄傲，别得意，不忘初心，别忘了最初的自己。

最后，我说一个八卦。小令君在开沙拉店之前，给了我一张VIP皇家黑金白吃白喝一辈子卡，在明知我在北京住的前提下，把三家店开到了上海。谢谢大家。

特立独行的猫

2015年7月21日

自序

有心劲儿的人，总是幸福的

前几天接受一个采访的时候，对方问，你周围的朋友对你形容的最多的是什么？

我想了想，回答：“疯子。”回答完很开心地咧嘴笑了。

他们以为我在开玩笑，可我说的是实话。

疯子，这确实是我听到的除了“她很牛逼”这类冠冕堂皇的语言之外最多也最真实的形容。

从最初家人的咆哮：“你疯了吗？”好友们的担忧神色：“你疯了吗？”旁人的惊讶：“她发疯了。”

到后来，家人的沉默，好友的摇头叹息，“这个疯婆子”，旁人的评论“她简直疯了。”

我已经记不清我听到过多少次这个词语，但我还记得最初听到时，这两个字就像一根倒刺扎入手指一般，虽然没让你流血受伤，却总是隐隐作痛，提醒着你它的存在。

在我成长的岁月里，是从何时起，身边的人开始把我当成个疯子呢？

是从上小学的我平淡地对爸妈说“没有感情了就趁早离婚吧，不用考虑我”的时候？

是从大学里每天打四份工都没有时间逛街、聚餐、约会的时候？

是从一个人背个小包去那些鸟不拉屎、犄角旮旯的地方的时候？

是从没日没夜学英语，拼命申请国外大学，拿到哈佛大学和剑桥大学offer却最终没有去的时候？

是读了那么多年书突然宣布我不找工作，我要自己开公司的时候？

是好不容易干到看到风生水起的苗头又突然宣布我不干了，我要开店的时候？

似乎都有，从来没有间断过。

总的来说，这几年可以概括为：

进了五次西藏，走遍了全国，写了本不像游记的游记；拿了一些国际奖项；决定出国，花一年时间准备材料，拼老命考了780分的GMAT，被哈佛和剑桥录取，最终没去；四年本科攒了十几万得以让自己可以做些小打小闹的创业；做过一个服装工作室，最终没做下去；成立了自己的网络公司，做得还算不错；转让了自己的公司，出国了8个月，走了7个国家去学习手艺，回国开了沙拉店；做的过程中遇到无数合作方、投资者和市场上涌动的热钱，面对金钱的诱惑也曾动摇过，最终还是摇摇头咬牙自己挺了下来，截止到出这本书的大半年，开起了四家米有沙拉，还有五家在全国各地筹备；而在遇到徐小平老师后，他的一句“你会是salad queen，你绝对值你说的这个价”又改变了我的一些选择。这中间我哭得不少，六成因为压力，三成因为孤独，一成因为被骗。

我就这么折腾着，忙的时候像一只昏昏欲睡的陀螺，但是仍被各种事物抽得团团转，闲的时候优哉游哉地背个小包到处旅行，任由你是不是失事航空，时间竟也快得如同一场一直下着的倾盆大雨，无知无觉。

我像是一个逆着人群走的孩子，中间不断有人试图把我拉回正轨，拉回大家觉得对的方向，我却始终不从，因为我总想着有一天，可以骄傲地对他们说：“你看吧！”

我也不是没有质疑过自己，但其实坚持，无非就是一件事：别回头。

别回头，你以为的绝路，走下去便是坦途。

在每一个快要放弃的关口上，往往是这种不计对错、不计后果、不计得失的姿态在起着作用，支撑着我相信这条路是对的。

每当我遇到出色的同辈人，我都有种“我还差得好远”的紧迫感，然后为自己的止步不前而羞愧。我有着普通到不能再普通的学识和积淀，普通到不能再普通的智商和情商，如果再不拿出不普通的努力和勇气，拿什么去指望做一个不普通的自己？

我见过很多有心劲儿的人，他们身上如同会发光一般，让你感受到被照耀。那股心劲儿，让他们对生命，对如何存在充满一腔热血，于是眼中有路，心中有光，闯闯荡荡，不知疲倦，一直错到对。

而我，也想做一个这样有心劲儿的人，不为彼岸只为海，跌跌撞撞错到对。因为这样的人，总是幸福的。

最后，我愿更加勤奋，想象美好终点，却为一路欢喜。共勉。

此书，谨献给在我这些年折腾的过程中虽然有过不解，但最终包容我，接纳我的亲人和朋友们，还有从相识就对我做的任何事无限支持的梁先生。谢谢你让我可以勇敢并大踏步地向前走，因为你让我知道，哪怕前方再多溺死我的时刻，你也会陪我一起在水底看水面上的光芒。

目录

第2章　拼了命，让动感的青春闪耀亮丽的光彩

第3章 活着，就要选择对得起自己的最好活法

第4章　尽兴，是拼搏的人生所能享有的独特权利

第5章 别害怕，勇敢地去过你梦想中的生活吧

C H A P T E R 1

第 1 章

因为梦想，所以我们能一路笑着走到最后

穿上适合自己的鞋子，走在自己选择的生活之路，不要在乎别人的质疑，不要吝啬你的付出，不要畏惧路途中的坎坷，不要抱怨命途多舛，只要勇敢地走下去，你会发现，你是一个多么特别的自己。

生活，是自己的脚步

我在上研二的时候，出了第一本书。那是本关于自己五次进藏的游记，记录了那些曾经让我为之动容的人和惊心动魄的事。

出这本书，是因为很多关注我的旅行多年的朋友给我留言说他们受到了很大的鼓舞，觉得温暖而有勇气，我应该写出来让更多人感受到正能量。

现在想来，这本书我最满意的是前面的“写在前面的话”。

我现在在旅行的停歇期。

我在大城市里过着简单的生活，忙的时候奔波或者熬夜干活，大多数下午时间是煮奶茶、晒太阳、自己烹饪或者去看场电影。

虽然面临着毕业找工作的现状，却全然褪去了几年前申请出国时的那份焦虑与浮躁，看着同学们每日忙于海投、面试、笔试，我却淡定从容。

3

我不相信命运，但我相信自己的未来是由我来看清并且抉择的，而不是盲目地迷失自己。

这真的要感谢旅行，感谢这些年走过的那么多地方，感谢旅途中遇到的许许多多对我产生影响的人们。

如果说我这几年最大的收获是什么，我可以很认真地回答，收获的是越来越多的平静。

我褪去了很多锋芒，那些会刺伤爱我的人的锋芒。

可是我现在却遇到些很头疼的问题，无数的网友们总在追问我：

小令你现在到哪了？

小令我也要辞职，我也要休学去间隔年旅行。

小令我看了你的文章后很勇敢地去了，现在停不下来了。虽然我回来了，可是我完全静不下心来回到原来的生活，怎么办？

亲爱的朋友们，怎么办？这就是我担心的啊。

我们为什么旅行？

是因为厌倦枯燥而平淡的生活？是因为想追求些不同？是因为别人都去了我也要去？是因为看到别人的文字照片就心痒痒地觉得一辈子不去一次就对不起自己？

这些都没错。

可是，我们太少人，太少人，应该一辈子，不停地在路上，远离普通的生活。

我不是。

你觉得，你应该是吗？

如果我们本身就是个精神空虚的人，如果本身不会思考，没有观点，不会成长，那么旅行根本不能解决任何问题。

除非你永远不再回到正常社会。

旅行真的让人看到和听到许多的不同，明白这个世界除了自己以外有那么多的可能，让自己清楚自己的无知，并且在无知中成长。

这是我愿意一次次出去的原因。

可是我觉得旅行的意义远远不止于此。

如果仅止于此，那么必然会陷入“我是不是应该一直在路上，一直走着，一直旅行”的思维误区。

旅行让我和很多与我交流甚欢的同伴，更加珍惜旅行之外的生活。哪怕是最平凡的生活。

它教会我们去发现、去感恩、去知足、去做好自己，找到最适合自己的生活步调。

旅行也是生活的其中一个步调。

就如同我不喜欢旅行中赶场子、赶时间，我同样不希望在人生中赶场子、赶时间地旅行。

我的人生不应该只有旅行。

生活，也不应该只以在路上这一种形式进行。

我收获的平静，让我有能力在每一次远行回来后，都能够面带微笑地拥抱那些爱我的人，告诉他们我在旅行中得到很多，然后很快地调整好状态，回到现实社会中；

我收获的平静，让我可以在看到无数诱人的图片和文字时，不再冲动得无法做好眼前的事情，而是告诉自己不要着急；

我收获的平静，让我能够在听到一些驴友们夸夸其谈时淡淡一笑，安静地喝茶，想自己的事。与我何干呢？

我收获的平静，让我的朋友、家人和爱我的人可以对我很放心地让我去过我自己喜欢、乐意、觉得快乐的生活。因为我让他们慢慢相信，我长大了，明白了生活远远不只一种模样，我也不想只扮演好其中一个行者的角色。

我收获的平静，让我越来越明白平衡的重要性。

有一句话很喜欢：生活是自己缓慢的脚步，不快，不慢。

送给我自己。

也送给大家。

共勉。

希望我们都可以找到适合自己的步调，过好自己的生活，也享受每一次旅行。

比起说走就走，我认为更勇敢的是把平淡生活活出精彩来的人。

我希望自己能够从前者成为后者。

当时写这篇前言的初衷很单纯、也很自私。我害怕很多人看了我的故事后，一冲动也纷纷一个人去玩了，万一出了什么事情，我岂不是得内疚自责。因为我一直觉得自己能够安好地活到现在，并且活得还不错，只能归于“运气”二字。所以我希望大家看的是我在旅行中的人生感悟，而非那些惊心动魄。

可事实证明，我做的努力没什么用。

直到现在，我仍然会收到一大堆来信，信中说，被我的故事感动，也要不顾一切地去旅行，去西藏，去徒步，去搭车。

我也仍然会不厌其烦地去说一些我对旅行和生活的理解，告诉他们想清楚自己要的生活是什么样的，而不是盲目地去跟风。

说实话，现在这年头，背包客真的太泛滥了，那些打着“穷游”的旗号四处招摇撞骗，或者出名出书的也不计其数，完全没必要拿出来当作一种资本。

但是其中真正知道自己为什么这么做的人少之甚少。有很多人不过是跟风而已。

我见过一些我概念里真正意义上的背包客，他们没有一个是站在台前的。他们不自拍，不po图（po图，将图片放到网上），不赚粉丝，只是单纯地走着，或者停在了某一个地方。

我认为他们是知道自己想要什么的。

看到自己的后辈一个个叫嚣着狂妄着成了众所瞩目的“背包客”，走了上百倍的路的他们丝毫不会觉得不公，而是波澜不惊，继续单纯。

如果不是知道自己想要的是什么，他们一定不会如此平静。

而我们中太少的人，会像他们一般平静自得。却像那些争相要出去看世界的“背包客”们一样，没想清楚自己要什么，就往那条别人走过的路，蜂拥挤去。

不止旅行，工作、生活、学习，甚至连爱情，都如此。

我妈前阵子在那杞人忧天，说如果你以后结婚，家里都没什么亲戚可以凑上那么多桌。

把我搞得哭笑不得。我说为什么非得“凑”？

在我看来，结婚是两个人的事情。充满爱意的两个人，能够得到最重要的亲友的祝福，便已足够幸福，干吗需要那些阵仗？

我对我妈说，我以后结婚不办酒席，去非洲旅行就好了。如果对方不接受，就说明不是一路人，也没必要结婚了，结了也得离。

我妈说，那怎么行，大家都办酒席的呀！

我很严肃地看着她说，大家怎样，你就要怎样吗？到底是为自己过？还是为大家过？

我妈不说话。

我们究竟为谁过？我们究竟走谁的路？

这是我这些年时不时问自己的问题。

我常常对给我写信的读者们说，千万想清楚自己要做什么。

不要看着别人旅行发图片各种诱人，就决定辞职去旅行，回来后发现自己只想在外面飘着，再也不想工作；

不要看着别人开家小咖啡馆、小花店惬意舒适，你也吵着闹着想开一家，开了以后发现远远不是你想象的那样轻松自在；

不要看着别人出国留学，你也非得出国去镀个金，结果几年下来发现除了花了家里一大笔钱，还得灰溜溜回国找工作；

不要看着别人买房买车，你也非要跟上大家的脚步，哪怕贷款也得装大款，可后来发现每天醒来就发现自己欠了几千的感受真的不怎么样。

看着别人的生活诱人，我们就竞相效仿。

殊不知，只有自己想要的生活，才会是最好的。

生活，应该是循着自己的脚步。

你走得慢点也好，走出来的，那也是自己的路。

你若追着他人的脚步，走得再快，也永远是别人的路。

8

不过是，愿意而已

“哪里有什么意义？哪里有什么目的？哪里有什么真理？旅行不过是，愿意而已。”

这是云南的某个青年旅社的留言墙上某个驴友写的一句话。

我是在看到那句话的瞬间，才明白“醍醐灌顶”这个成语的真正意义。

从我上大学时一个人出去背包旅行开始，越走越远，越走越野。

我去了北川，地震了；我去了玉树，地震了；导致后来朋友开始怀疑我是不是到哪就捅娄子。

但更多的不解和疑问是：“你这么一个人玩儿到底为啥啊？有意思吗？”

我每次都不置可否地笑笑，不是不屑回答，是真的不知道为啥。

所以当我看到这句话的时候，有种“真是高人啊，才子啊！以后终于也能理直气壮还文艺范儿地回答了”的相见恨晚之感！

愿意而已。

你爱了个所有人都不看好的人渣，理由是愿意而已；

你去了个所有人都不看好的公司，理由是愿意而已；

你离开家乡租间小破房飘零在异乡唱歌，理由是愿意而已；

你拒绝了城市到了落后的偏远地区教书写字，理由是愿意而已；

你脱下漂亮的套装做家庭主妇，理由是愿意而已；

你生了孩子身材发福变形走样，理由是愿意而已；

……

这简简单单四个字，可以解释很多别人理解不了的事，可以让很多张嘴巴顿时僵在空气里说不出下一句话。

是啊！我愿意！碍你什么事了？

前段时间《青年演说家》节目组来采访我，导演组的人非得刨根究底：你这么选择这么折腾的目的是什么？

我一开始说没什么目的，就是我喜欢我乐意。

她不满意，继续追问，说你这个也太空太虚了吧。

我被她问烦了，就很大声地对着电话说："为什么非得有目的？我这样能让我自己更喜欢我自己而已，需要什么目的？"

那边沉默了一下，然后说："这是我听过最好的答案！你这个答案我太喜欢了！"

我愣了一下，有点不好意思地回忆了下自己刚才一着急脱口而出说的是什么。

哦对，让我自己更喜欢自己。

没想到一不小心说出了自己的真实想法。

是的，任何基于我愿意的选择，都会让自己更喜欢自己。

我愿意去旅行，愿意搭东风大卡车，愿意就背个小包，愿意穷游，愿意徒步，愿意去骑单车环岛，愿意去印度、巴基斯坦、阿富汗、非洲；我有委屈、有不安、有后悔，但是如果你让我当时重新来选择一次，我仍然会这么做。

因为我有能力不穷游，但我想看看自己最省能省到什么程度，两个月花3000块钱的成绩让我觉得自豪。

我有能力去上班，但我想看看我除了每天挤地铁上下班之外，还能做些什么，开公司、学厨艺、开餐厅让我觉得自豪。

我有能力回老家嫁个有钱人家，但我想看看我靠自己能拼到什么地步，养活自己还能活得想出去玩耍就能出去玩耍，让我觉得自豪。

这种自豪不是外在的，我从不拿出来跟朋友、跟陌生人去显摆我去了哪儿，我赚了多少钱，我做了多少事。

它是内在的，润物细无声那种，让一颗原本佝偻的小苗慢慢地生长，慢慢地茁壮长大，然后骄傲地在心里盛开出一处荫蔽，让你可以时不时来荫蔽底下脱缰撒野。

这种自豪感，真的会让你越来越喜欢自己。

当你觉得沮丧、觉得自己好笨好没用的时候，你需要一个喜欢自己的你，来笑着说："没事，没事，你看你并非一事无成，你做了那么多别人没做过的事。"然后你，真的会好受很多。

当你觉得没信心、没把握的时候，你也需要一个喜欢自己的你，能够豪迈地说："开玩笑吧！之前那么多事都完成了，这点儿小破事没信心？"然后你，真的会重新打起精神。

你真的需要，去做一些事，去做成一些事，让你更喜欢你自己。

当然前提还得是，那是你喜欢、你愿意做的事。

前段时间有个姑娘在微博里给我私信，姑娘长得漂亮，而且高智商、高学历，年纪轻轻就成了律所合伙人，照理说她算是做成了一些事，应该很有成就感。可是她跟我说她好累，每一天都好累。她看到我可以做着自己想做的事情，很羡慕，也非常想辞职做些什么。

我问她："你喜欢现在的工作吗？它让你有成就感吗？让你觉得每天很自信很快乐吗？"

她说："没有，我每天只要一停下来就觉得好空荡荡，不踏实。"

我回她："你的不踏实来自于你的不安全感，你的不安全感来自于你的不自信，你的不自信来自于你没有实现一些事，这些事得是你自己乐意去做、喜欢去做觉得特有成就感的事。"

她隔了一天回复我说："你说得太对了。"

王小波先生曾经说过："无趣的人生不值得一过。"

什么样的人生才是有趣的人生，其实这根本没有标准答案，既然没有标准答案，自然就不存在是否对错或者无用一说。

所以，想要让自己开心，让自己满意，让自己更喜欢自己，选择任何事的时候，我们更应该先问问自己的内心。

就算你的选择没有让你有成就感、没有美丽的结局，那又怎样？

可能你爱的那个人渣，他真的如朋友所说是个人渣；

可能你去了那个所有人都不看好的公司，公司最后真的倒闭了；

可能你离开家乡租间小破房飘零在异乡唱歌，直到最后也没有变成知名歌手；

可能你拒绝了城市到了落后的偏远地区教书写字，一辈子也没赚到什么钱；

可能你脱下漂亮的套装做家庭主妇，最后反而被男人抛弃；

可能你生了孩子身材发福变形走样，再也回不去……

可是那又怎样呢？你一定经历过一段快乐的时光，你一定享受过自己的选择带来的愉悦和成就感，你一定也曾不后悔地说："我就是乐意！"

我们无法左右故事的结局，我们只能把握故事的开始，以及以你的善良温暖去引导故事的发展。

如果故事的结局是美好的，你一定会更加喜欢自己，多么有成就感的一件事。

如果最后发展不那么美好，你起码也在这一路的善良与温暖中无悔于自己。甚至，同样会更加喜欢自己，我居然过来了、释怀了、原谅了、看开了。

如果以后再有人问我同样的"为什么"，我想我会毫不犹豫地回答："因为我高兴，我愿意，因为这样让我更喜欢我自己。"

在你难过得不想前行时总有温暖你的

我大学的几年里，只要逮着空闲或者假期就会背个小包去全国各地旅行。

说句心里话，很多当时见到的令人屏息的壮丽景色，现在也渐渐地在脑海中变得如明信片般无奇了。

直到如今，深深刻在脑子里的是那些个让我感动过的人和事。

我一直很确信，我能成为今天这个样子，做着自己喜欢的事，尽情折腾自己的青春，真的要感谢那些年旅行中遇到的人和事。

它们让我看到，这个世界上有许多人，用我们不知道的顽强姿态活着；

让我明白，这个世界上有许多人，坚持着他们与众不同的小理想；

让我知道，这个世界上有许多人，过着我们不了解、不以为然的幸福生活；

让我意识到，这个世界，庞大而微妙，纷繁而有趣，而我所做出的任何选择，走出的任何轨迹，都不会改变它什么，唯一能改变的，恐怕是我自己。

看过我第一本书《出发吧，在最好的时光》的朋友应该都会对几个人印象深刻。

其中一个是大理的神人——LR。

LR的人生梦想是造个热气球。

我第一次去大理遇到他的时候，他已经离开老家在古城里的酒吧工作一年多了。长发飘飘的他，推着辆很拉风的自行车，在吃豌豆粉的小摊子那儿很认真地对我说“我要造热气球”的时候，我差点没把嘴里的粉给噎在喉咙口。

他绘声绘色地描绘着他想在大理弄个有照壁的白族传统大院，然后潜心研究热气球的理想。疯子我遇到得多了，但这么疯狂地想要自己造热气球的倒是头一个。

我看着他一脸胡茬邋遢风尘少年的模样，附和了几句，没往心里去。

他说：“你不觉得我神经病？”

我摇摇头，吃一大口豌豆粉，“有什么好神经病的。”

我小时候还想过去做最牛的盗墓者，把地球上埋了宝藏的墓全挖一遍呢。说是一回事，做又是一回事了。

隔了几天后的平安夜，凌晨一点后疯狂的人群散去，LR从工作的酒吧骑车过来找我，在楼下对我喊：“喂，我带你去看月亮！”

我们穿过人民路，来到不知道又是哪一个城门，爬到城墙上面坐下。

入眼处是远处的三塔，湖水和湖面上被黑影遮住正在越来越小快要消失的一弯月亮。

“知道风花雪月指的是什么吗？”

“不就是指那些破事吗？”我以为他要说古城里正疯狂的那些男女们。

“上关风，下关花，苍山雪，洱海月，风花雪月。”

这是我第一次听到关于风花雪月的正解。我跟着念了一遍，诗一样。

“可惜，今天看不到洱海月喽，苍山雪也化了。你来得不是时候呀！”LR很舒服地躺在城墙上，我很担心他会不小心掉下去。

“你知道我为什么留在大理吗？因为我最喜欢的就是这里白天的太阳和晚上的月亮了。白天的温度让我觉得自己还真实地存在着，晚上的安宁让我可以好好地回想我过的每一天，好不好，值不值得。我骗不了它们。”

“下次你再来大理的时候，我也许就做出热气球来了！而且我会有自己的院子，种满花草，弹着自己写的歌，去我想去的地方。”

我笑了。有理想的孩子真让人讨厌不起来，可有的时候也会有些同情。

你的工资在大理这样的地方连租个院子养活自己都吃力。

可我没说。

第二年我去大理的时候，再见到他。

长发更长，胡须留起来了，变得沧桑了些。

他带我去他家。穿过整个古城，沿着清冷的石子路走了一阵，让我吃惊的是，真的是个有着完整照壁的白族院落。种满花草，还有葡萄藤。

走进房间，纯木质的结构。挂着把木吉他。

一切都如他在平安夜所说。

我惊讶地看着他：“天啊，你怎么做到的？”

他给我看另一个大房间里堆满的各种工具，布条，瓶瓶罐罐和关于热气球的书籍，有点不好意思地说：“工作太忙，进度有点慢，只能每天晚上研究。”

这回他带我爬上他院子的房顶。

大理的夜晚啊，还是一样的迷人，星空在看得到的头顶，月亮还是一如一年前那么亮。

LR很认真地看着天，托着腮帮，一动不动。

我说：“你还是这么喜欢做热气球？”

他说：“对的。心里有熊熊火焰。”

我无法理解他的感情，觉得有点清冷，便先下来了。下到院子里时抬头看他，还是那样认真的姿势。

我不知道他每夜每夜看着星空时，若意识到离坐着热气球靠近星空有多遥远，是什么样的心情？

可是那一瞬间，我心疼又感动。

第二天我把偷拍他的照片发给他。接着在回去的路上我看到他发了朋友圈，配照片的文字是：

仰望星空，它是那样自由而宁静。是永恒的炽热燃烧着那心中的火焰。

日子又慢悠悠地过去了两年，期间因为琐碎的忙碌没有去过大理，没有回到这个我无比热爱、期望着可以有一座院子种一棵山楂树的小城，我知道我还没有能力。

期间我和LR没有任何联系。

我渐渐地忘了这么个人的存在，我只知道他还在大理。

直到前些天，因为各种糟糕状况扑面袭来而低落抓狂的我，一个人跑到海边发呆，看潮起潮落，日升日落。

在我难过到什么都不想做的时候，打开手机看朋友圈。

看到久违的他发状态，文字是“心中燃烧多年的火焰，终于可以在天空燃烧”。

我打了个激灵，几乎是颤抖着手点开图片。

照片上的他，坐在五彩的热气球上，满脸胡茬的脸上已经看不到他笑得眯起来的眼睛。

我默默点了个赞，还在迟疑该说些什么来表达我内心难以平复的激动时，他发来消息：“什么时候回大理来？这回可以带你坐着热气球看月亮了。”

我突然间就眼睛涩得不行，对着手机屏幕哭笑不得。

我说的，是真的哭笑不得。明明一边在笑，由衷为他开心地笑，咧着嘴，可是一边却又努力睁大眼睛，不让眼泪下来。

我无法形容那种感觉，那个一直跟你一起走在一条不被人看好，甚至数次撞得头破血流的路上的小伙伴，突然就先你一步跑到了终点的感觉。

首先泛上来的是“完了，只剩自己一个人了”的孤单失落。原来我不知不觉中早把他当成自己在横冲直撞时的同路人了。

而孤单失落的后面，是汹涌而来的“太好了，你终于成功了”的狂喜。似乎他第一个跑到了终点，我们后面还在呼哧带喘的人也快要接近终点了。

那被我都不看好的事情，居然也被他做到了。接下来，也会轮到我吧？

我在保持着哭笑不得的表情好几分钟后，终于给他回了条信息：“等我明年，带上我的礼物，来坐你的热气球。”

我突然又有了勇气。我知道这样从他人身上来汲取勇气而不是自己身上，是一种还不够强大和成熟的表现。

可是我就是还不够强大和成熟，我就是还走在这条时不时会磕个头破血流的路上，我就是需要时不时地看到前方的光亮和坚持到底的人的欢呼，才能更大踏步地走呢。

我很感激，总会有这些温暖我的人、事、物，在我难过得不想前行的时候。

我想我们都是如此，被温暖，然后继续前行。

疯子一样地过，才能忘记生活中的颠簸

写下这句话的时候脑子里已经蹦出很多个人影。

我不知道你们对于疯子的定义是什么，如果有人叫你们疯子，你们会是什么感受？

但我是很喜欢我的朋友们这么叫我的。

可惜我还远远不够疯。

我遇见过很多更疯的人。他们总能一次次颠覆我的固有观点，让我在惊诧怎么可以有这样的人的同时也满心钦佩。

比如说老陈。其实他一点也不老，30多岁，长得挺帅，有个漂亮的老婆，有个可爱的已经上小学的儿子，每年给儿子请几个月的假带他出去旅行看世界。

只听这些，你可能以为这又是个高富帅，起码有着一份光鲜的职业，有着体面的收入。

可是他只是河南省许昌县的一名普通的出租车司机。

因为有位大叔在那里做项目，所以我经常坐他的出租车。初聊时，只是赞叹他有着如此先进开明的教育理念，佩服他的教育方式。聊多了才知道原来他一点儿也不简单。

老陈20多岁的时候就拥有了自己的大型机械制造企业，整个县城乃至河南的机械配件基本都是由他提供，短短几年已经发展到即将上市。那个时候的他，少年得志，无比风光。

可在他30岁的那一年，他觉得生活似乎出现了问题，他过得很不开心。每日在酒桌上觥筹交错，每天要对着不同的人溜须拍马、假意奉承，每天要昧着良心做一些事情，以致自己睡觉都不踏实。他开始神经衰弱。

儿子跟他很陌生，看他的眼神里满是抗拒与害怕；妻子跟他很陌生，三句两句便开始争吵；身边的老朋友也开始变得陌生，偶尔聚会不是酸溜溜的“陈总”，便是阿谀奉承，求帮忙提携。

他开始焦躁不安。这样的焦躁不安持续了一个月。一个月后，他突然把公司交给了手下，当起了出租车司机。

这个决定几乎引起了这个小县城的全城轰动，自然也遭到了他的父母和亲威的集体反对。所有人都说他疯了。

“对，我也知道我疯了。可是你不觉得疯子最开心吗？”他哈哈笑着，回头看我们。

我居然不自觉地频频点头。

“我现在每年都带我儿子出去转转，跟我老婆出去度个假。钱不多，但是足够幸福。我每天从后视镜里还能看到各种各样的人，伤心的、着急的、迷茫的、快乐的、得意的、失意的，有的时候我会说一些没边际的话，或许是我也曾彷徨过，偶尔也会帮到他们，但带给我的满足感一点都不比做一个大企业来得更少。”

“那你打算以后都开出租车了？”

“不会，等到哪一天开出租车也不能让我有幸福感有满足感了，我会去做更加能让我有成就感的事情。我现在有个初步想法，过几年会去新西兰弄个大牧场，去养牛养羊，我想让未来不仅我的孩子，还有更多中国的孩子吃到最健康的牛奶。”

我能想象到，当时后视镜里的我的表情一定是很难看的。

这样的魄力，不是普通人可以做得到的。

如果让我放弃一个年产值几亿的大企业，跑去当出租车司机，打死我都做不到！

这两者之间的差距之大，让我在心里都暗暗地叫：“亏大了！”我甚至内心无比后悔，我怎么没早认识老陈几年，这样的话说不定老陈退出公司的时候分我点儿呢！说不定还让我接手呢，是不是！

说到底，当面对巨大的财富时，我还是个很俗的人。

相比之下，我所做的一切完全不能说明我有魄力，更不能说明我不世俗、不看重钱。那是因为我放弃得不多。

这也是我为什么佩服老陈的地方。他简直是个疯子。

我还有一个朋友，是我在印度的时候遇到的，名字怎么拼我忘记了，类似pauline的发音，就姑且叫他P先生吧。

第一次见他是在New Deli(新德里)有名的一条街。那里聚集着各国游客，以欧美游客为主。特征明显，一律扎着密密麻麻五彩缤纷的小辫，穿着背心和民族风的垮裤，斜跨着布包，坐在路边，眼神迷离。

从他们身边走过，不自觉地会拉一拉身上的包，抱到自己胸前，加快脚步。生怕多停留一会儿，自己也会迷失在空气中的烟草味中。

而就在我快要离开人群时，身后一阵骚乱。当时我很恐慌，心想糟糕了，是不是要被抢劫了。

恐慌地一回头，发现目标不是我。

是P先生。

他被大麻老外们围着，保护着手里的单反，大声嚷嚷着我听不清的话，似乎在解释什么。

争执中他被推搡倒地，相机被抢走，几个人似乎删除了什么之后，把相机丢在他身上。然后一群人指着他骂骂咧咧地扬长而去。

我猜应该是P先生偷拍那些人被发现，惹恼了他们吧。果然，P先生快速地拾起相机，打开看，失望的表情过后是惊喜，"还剩两张！哈哈我就知道他们没找到！"他开心地晃着相机冲我喊。

我一愣。还没反应过来，他已经冲到我跟前，把仅剩的两张照片给我看。这不看不要紧，一看我被相机里的画面深深地震惊了。那是刚才那群人中的一个女孩。那绝对是青春期叛逆女孩的典范，文身、鼻环、唇环、脐环、五颜六色的头发，一样不落，再加上还叼着烟，简直就是该被家人放弃、被社会放弃的绝佳反面教材。

可是他的照片里，女孩闭着眼睛，氤氲的脸上挂着的笑，足以用"动人"这两个字来形容，完全无法和刚才坐着的那个女孩联想在一起。

我开始重新打量我身边这个被晒成印度色的英国男孩。

原来P先生是剑桥大学社会学院的毕业生，毕业后开始全球环拍，只拍那些被众人避而远之、视为不齿的人的温柔的一面。

在他的相机里，有数次自杀的女孩，有在情色场所的未婚妈妈，有在街头流浪的老妪，还有刑满释放的文身汉……但是每一张照片都有打动到我的细节，有的是眼神，有的是笑容，甚至有的只是双手。

我问他，你这么做的目的是什么呀？

他很惊讶地看着我："目的？我没有什么目的啊，我只是觉得他们一定不是像大家说的那样糟糕，一定有不为人知的温柔。"

我无言以对。

P先生的存在让我想起曾经看到的蔡康永的一句话："不要问我'做这有什么用？'人生并不是拿来用的。理想，爱情，正义，尊严，文明，这些一再在灰暗时刻拯救我、安慰我的力量，对很多人来讲'没有用'，我却坚持相信这才都是人生的珍宝，才经得起反复追求。"

我看到这句话的时候觉得这简直是不太现实的，但是P先生却是这句话再好不过的写照。

一个我最向往的大学的高材生，却如同流浪汉般在世界各地做着这样看似疯狂和无意义的事情。但不知道为什么，我总觉得他一定会找到他想要的答案。

果然，前几天在Instagra（一款最初运行在iOS平台上的移动应用，以一种快速、美妙和有趣的方式将你随时抓拍下的图片分享给彼此）上看到他回到剑桥举行了自己的第一场摄影展，盛况空前。

还有好多好多这样让我觉得自己还需努力的人。

每一次想到他们，我就觉得，哦，我的生活还算平淡无奇。

我们总觉得，生活已经足够辛苦与颠簸，何必再去折腾自己，那些上

上下下如同过山车般的疯狂，越远越好；那些有可能让我们倾家荡产一蹶不振的冒险，越远越好；那些不知道何时能收获成果的尝试，越远越好。

可或许，生活就该像疯子般地过，才能忘记生命中的颠簸，留下重重的只属于你的那一道墨彩。

就像P先生，这个众人眼中辜负大家希望不争气的“疯子”，用一个相机，拍出了一整个温柔的世界。

又或者老陈，这个大家眼里甚至是连我都会大叫着“疯子”的人，乐悠悠地开着他的出租车，慢慢地开往新西兰。

做自己的建造者

“你觉得北京适合一个女孩子生活吗？”

这是我在北京这些年直到现在离开还经常被问到的一个问题。

刚开始的时候，我会仔细地想想，然后给出一个模棱两可的答案：“还好吧，有不适合的地方也有适合的地方。”

渐渐的，我开始回答：“其实哪里都适合一个女孩生活，关键看你自己是不是足够自由。”

这个自由，并不是说想去哪玩儿就去哪玩儿的自由，而是指可以随时离开另一个人恢复自己一个人的魄力，以及可以随时平地再起的自信。

这份魄力与自信，和你的经济独立息息相关。

说到这里，我想起一个人——我的学姐露。

露是美丽温柔的女生，如果用水来形容女人，我应该算是波涛汹涌暗礁潜伏的大海，而她绝对是细水长流清澈见底的小溪。

露也很贤惠，和谈了六年的男朋友（也是我们的学长）一起住在离学校很远的他男朋友的小独栋里。每天早上给男友做爱心早饭并送他出门后才到学校里来上课，晚上再赶在男朋友回家前买菜做饭、打扫卫生、开门迎接。有的时候，男友加班或者应酬到很晚，她还会去他公司给他送饭。

在她的生活里，除了学校的科研任务，就是她的男人。

我们也都认为她一定会如她经常跟我们说的那样，嫁给这个男人，幸福安稳地过一辈子。

直到毕业前一年，突然间从别人口中听说："你知道吗，露被甩了。"

我当时第一反应是，完了，露不会想不开吧……她那么爱他，几乎满脑子全是他。

被甩的理由不需要任何风言风语。因为几天后，我们就看到了他男朋友的车，停在经常停的地方，但上车的不是露，而是一个与露完全不同风格的凌厉女生。

露消失了一周。大家都猜测着她去了哪里。

第二周，露居然出现了。没有我们想象中的被抛弃的惨状，一如既往的干干净净的T恤和短裤，露着她美丽傲人的大长腿，笑盈盈地跟大家打招呼。

她用超乎寻常的淡定，让大家小小惊讶了一回。而之后的她，则是让大家扎扎实实地惊讶了一把。

那以后的她，开始参加各种活动，出现在各种公开场合，报各种考试和学习班。

毕业时，在人人只求过关的毕业设计答辩大战中，露成了为数不多的优秀毕业论文获得者之一，还被邀请参加了国际会议，出现在会议上时，自信而激昂。

毕业后，露成了少数几个本科毕业就月薪在两万以上的人之一，进了排名前三的咨询公司。偶尔看她发朋友圈，了解到，哇，露又升职了，露又去度假了，露又学了好多好吃的甜品，露结婚了，老公爱她如珍宝，露又去国外进修了。生活多姿多彩，完全不似以前。

露有一次给我打电话，聊到那一段事时，她说，他回来找过我求我原谅。

我问：“你答应了吗？”

她说：“当然没有。不过由此我也更加确定当初他离开我就是因为我经济不独立，精神上更是依赖他。这份依赖让我很不自信，从而毫无魅力可言。

我的世界全是他，这样就可以换回长久的爱吗？不能。

或许他曾经很爱我，但是当他发现他从我这里汲取不到一点新鲜的养分，却被我不断地榨取，从我这边得不到能够让他成长的东西，却不断地替我擦屁股时，爱便自然消亡了。

没什么对错，我一点不怪他，只是我没把好自己的独立这关。”

我想起发生在自己身上的事。

我在北京待得不长也绝不算短，从读大学到读研到实习工作，加起来七年多的时间。

虽然我现在离开了北京，被问到你为什么离开北京时，我总是夸张地回答：“北京空气太差、太堵、太不适合生活，简直没有存在感。”

可是我从来不否认我对北京的爱，因为它让我度过了最为独立和自由的几年青春，无论是财务还是精神。

刚到北京，我就遇到了很多自己也没有预想到的事情。用电影情节来形容真实的过去，是因为我觉得哪怕我说出来，听着也不像是真的。

莫名其妙的牵连，家里遇到了很大困难，高中时的男友说："我们的家庭可能太不一样了，我的家人恐怕不能接受。"然后离开了我。

我很没节操地喝醉了，跑到学校主楼天台上哭喊着说："我一个人怎么办？"

被冷风吹到心肝胆肺都要吐出来的那个时候，这个偌大的我曾经坚持要来的城市，竟然让我生出连一个可以依靠的人都没有的绝望感。

虽然我从来没有花过男朋友的钱，但突然之间面临一分钱都没有，又只有自己一个人的情况，我还是手足无措。

几天后，我开始振作了，我必须得赚钱。

于是我开始兼职，最多的时候一天四份。早上对着电脑做翻译，下午帮人写东西，晚上坐两个小时公交车去当家教，结束了以后还要去后海的小酒吧当服务员。

短短几个月的时间，我从进大学时的103斤，掉到了80斤，还是穿着厚厚的冬衣。

这是我第一次觉得减肥是如此容易的事情。

那是我现在回想起来都会唏嘘的一段时光。一方面是为了我再也回不去的80斤；另一方面为我那股子硬生生把自己变成了无论是否恋爱都靠自己的狠劲儿。

我无法跟你形容，当我看到本科毕业时银行卡里的十几万余额时，我心里的那种感受，如果非要说，那是一种无比强大的安全感。

这数额不多，但是每一分都是自己赚自己攒的，它让我连走路都是挺着腰杆的。

那一刻，我彻底地明白，女孩子，真的一定要有自己的存款。

这是属于女孩自己的城堡。

这安全感，让我在之后的日子里，再也没有当初那种手足无措的崩溃绝望。因为我知道，即使什么都没了，还有我自己在，我还可以再重新来过，我还可以赚钱养活我自己。

这与拜金主义无关，而是与你的自信，你的底气，你的自由息息相关。

当你拥有属于自己的这座小城堡时，那份存款可以让你无论何时何地，都可以拍拍屁股甩门离开那个负心汉，可以让你无论何时何地，都能买张机票飞到你喜欢的那个地方，可以让你无论何时何地，都能买东西送给爸妈尽一份孝心。

你可以说话有分量，笑容有自信，连吵架都有底气。

保持经济独立，是精神独立的基础；而唯有精神独立，才是爱情长久的基石，才是自信与自由源源不断的出处。

我始终坚持女人要有自己的事业，是因为，保持经济的独立，起码让你不会在从高处坠落时惊慌不堪。

我一直很赞同一句话：**“有时候你哭喊着非要找到另一个人，到最后才发现，彼此寄托在对方身上的竟然只剩下房租、车贷，以及比一个人做饭吃更划算的两份饭菜。真正的两个人生活，是即使在你最得意的时刻你也依然希望他在，否则你就一直是一个人。”**

而什么是在你最得意的时候呢？**无非是在你一个人的岁月里，也能建造起自己的王国，过得自信且自由。**

选择我，就忘掉你走过的路

大学时候开始做不同的兼职，虽然说没有什么对自己成长起到太大帮助的工作，倒是长了一份自得，这是我自己都没意识到的变化。

直到我研究生的时候去Z公司实习。

Z公司是一家投资公司，但是在投资领域并不算是最好，仗着自己也去过几家不错的投行和投资公司，我进去的时候一点都不怯，毕竟不是一张白纸，也算攒了不少经验。

钟先生是我的上司，投资策划部总监。

第一天进公司就被他梳得油光的头发、擦得锃亮的皮鞋，严峻的眼神和会议上绝佳的气场所拜倒，跟着叫他钟先生似乎是自然而然的事情。他年纪不大，却坐到了这个比他年长的公司老员工之上的位置。

哦，对，我并不是来夸钟先生的，其实我想说的是，在Z公司待了四个月，仅仅第一个月内，我就“成功”地被钟先生训了好几次。

第一次是因为他交给我一个case（案件）让我去准备好所有的基础文件，第二天交给他。第二天早上我按时交给他了，他看了两眼后说：“你这是个什么方法？什么框架？怎么没有准备保密协议和对赌协议？”

我理直气壮地回答他：“不需要啊，还没有谈到那一步啊！我们以前都不需要准备的啊！”

我话音刚落，钟先生“啪”地一声把那沓文档摔在桌上说：“我管你们以前以后！我让你准备的你就准备！”

出办公室的时候，我愤愤地嘟囔出刚才没敢说出口的话：“你这样不是浪费时间吗！”

还有一次，要做公司项目汇报的展示，PPT的任务自然交给了在面试时就因为PPT而过关斩将的我。

我按照自己之前做项目的思路，花了大力气，做了一份自认为简洁明了又酷炫鲜艳的欧美范儿PPT，并且很自信地在展示的前一天发给钟先生看，觉得不得个表扬怎么着也绝对不会有问题。

谁知道，钟先生分分钟把我喊进了办公室，一进门就大发雷霆：“你要干什么？你不知道我们Z公司一贯的风格吗？你做成这样是要去选美吗？”

我委屈地说：“一贯的风格没有新意啊，这样才吸引人眼球啊。我以前那个项目投标也因为做得跟别人不一样才得了呢。”

钟先生叹口气：“你怎么还是以前，以前的！别把你那自以为是的一套经验拿来跟我说事好吗？人家选我们来谈合作，就是因为看重我们的严谨务实不浮夸，你搞成这样，不是自己打自己脸吗？回去！重做！”

他很不客气地把我打了回去。

那个晚上我熬了个通宵，做了新的商务简洁风格的PPT给他。

再后来，我又有一两次按照自己认为是常规或者对的方式去做了一些事情，钟先生无一不是大发雷霆："别又跟我说以前以前！你以前那些都给我忘了！""你到底是不是北大毕业的？脑子呢？""你这个人到底有没有审美？"

每一次都说得我脸上发烧，接着就是不得不面对的苦到深处人艰不拆的将功补过，但最气人的是他永远是对的。

有一次钟先生单独约我吃饭。我很忐忑地去了，心想着该不是要让我提前走人吧？谁知道他竟然出奇的温和。

钟先生说："别怪我平时对你凶，那是因为我对你有希望有要求。那些我看不上的人，我连凶都懒得凶，也不会一而再再而三地给机会。今天你可以把我当作职场上的一位比你多混几年的兄长，而非上司，听我几句劝。"

我受宠若惊地点点头，一颗悬着的心也放下了。

他喝一小口红酒，接着说，"说实话，我能在你身上看到我当年的影子，你有自己骄傲的资本，也有那股执着的劲儿。我知道你有着比同龄人多的经验和能力，但是，就目前的你而言，你应该忘掉你以前所学到的，所拥有的。你以前做成功了，不代表它就是对的，就是可以一直成功的。

这个年纪的你，明明该去吸收，什么都吸收，吸进去，不好的吐出来，吸进去，再吐出来，你才能做到吐纳自如，学到真本事。"

他很真诚地看着我，而我第一次觉得在工作的路上，可以遇到这样的良师，是多大的幸运。

我开始淡化我拥有的东西在心里的地位，这意味着我之前所有的经历真的都成了狗屎。我变得与其他所有人一样，是张白纸。

我开始学会把自己的棱角交付出去，把自己的姿态放低，做一只不断吸收吐出来再吸收的海绵。

渐渐地，我学会了从说话到做事都逐渐考究与谨慎起来，学会了像钟先生一样对报告里的一字一句包括语气都再三斟酌，学会了对服务客户的每一个细节都洞若观火，也学会了真正地把事情做得尽善尽美。

我也切实地发现了，这些事情出来的效果都要比我以前来得更好。

这一发现和整个蜕变过程一样地让我心里难堪。

我身边的朋友和同学是最明显感受到我变化的。那个经常拿着之前的经验来说事的孩子，开始学会把每一次的任务都当成不一样的新事物来全力对待。

我曾经在听完钟先生的话后天真地想，我把自己当成小海绵，不断地吸纳，吐出，再吸纳，总会有吸饱水的那一天，那一天我就可以蜕变完成了。

但是事实远非如此。小海绵会变成大海绵，永远没有吸饱水的那天。这个过程，充满惊奇与欣喜。

到现在为止，我都特别感激钟先生。

我一直如他所说的提醒着自己，忘掉那些你自以为是的以前，把每个此刻当作全新的现在去努力，发光发热，影响别人。

很幸运，这几年来，也慢慢地从一只小海绵成长为了一只中海绵，我想以后的若干年，还要成为大海绵，巨大的海绵，直到自己已经无法吸收的那一天。

上礼拜赶飞机去机场。上了车以后对司机说：“师傅您开快点，别走这条路啊，这条路我以前走过，特别堵。”

司机慢条斯理地回答我：“你有你的路，我有我的路。这世上那么多条路，既然你现在选择我，那就忘掉你走过的路。”

我一怔。突然有种冲动想要从后座换到前面，看看这个握着方向盘的男人是不是钟先生。

回过神被自己的想法逗笑后，也有点庆幸亏得不是钟先生！不然这两年没见，他肯定又是瞪着眼睛冲我吼：“以前以前！以前都是个狗屎！”

我想，这个司机应该也是个大海绵吧？

不过我倒是开始期待下次回北京去看钟先生，然后告诉他，其实你那句话有更文雅的说法呢：“**这世上那么多条路，你现在选择了我，那就忘掉你走过的路。**”

连出租车司机也懂的道理。

守好你的孤独

这个标题由我写出来似乎有点奇怪。因为无论谁跟我第一次见面都不会联想到内向、孤僻这类词汇。是的，我看上去乐观、开朗、泼辣、没心没肺，跟谁都能打成一片。这样的人，怎么可能会孤独。

可是事实恰恰相反，在我长大以后，我经历过一段不长也不短的孤独期。

这个长大，恐怕得从我开始做出各种跟其他同龄人不同的选择开始来计算。

还记得我小时候，特别不喜欢独自一个人，也特别不喜欢被忽略。所以我到哪都是个咋咋呼呼的主，到哪都得做些什么事吸引一下所有人的眼球，到哪都能呼呼啦啦召出一帮“狐朋狗友”搞得自己跟个黑帮大姐大一般。

也是这样，我的身边从来不会缺人跟着我。我也在我们那个小小的城市里，臭名远扬。总体来说，就是“某某中学有个成绩特别好的女混混，打架一流，逃课一流，玩游戏还一流，简直无药可救。”

我在那样的“吹捧”和背着几张处分的情况下，晃晃悠悠地进了重点高中。虽然到高中有所收敛，不再打架闹事，但是跟一大帮男生称兄道弟，爱讲空话、开小差、迟到早退、逃课的陋习仍是没有改掉，所以就成了各科老师的眼中钉。我妈一直心有余悸地说，幸亏你成绩好，不然早就被开除了……是的，我曾经就是这么个无可救药的坏孩子。唯一的优点，是学习还可以。可就是因为这个唯一的优点，我在那个以成绩论英雄的小城里，竟然还混得不错。而我也还算争气地一路走着一条被无数前人走过的路，虽然歪歪扭扭不是特别直，但总的来说还算是方向正确，没有偏离轨道。

因此我一度被麻痹，觉得自己一直都会如此，不会孤单。

但事实上，我错了。

从我进了大学以后，我发现自己开始变了。

最明显的改变是，我变得独来独往，好不合群。

不合群当然都是我自己造成的。

刚进到大学的我倍感压力，身边都是优秀的各地精英，自己似乎会混得很惨，万一掉到倒数的位置，岂不是没颜面见江东父老？而且高考发挥不好专业都被调剂，去了万分恶心的机械测控系，我下定决心大二必须转专业。转专业的条件是必须年级排名前三，于是，我的大一第一学期成了有生以来最用功的一个学期，简直比高三还努力，经常早出晚归去图书馆自习。

这是我第一次慢慢地与大家拉开距离。不怎么跟大家一起玩儿的学习狂，总是不怎么招人待见的。

一年后，终于成功转专业的我，却又因为一来就把原先的前几名给顶了下去，遭到大家的普遍不满和关注。人都是有排他性的，我一个外院来的家伙，把他们自己人给顶下去了，哪怕他们不喜欢那几个“考试达人”，却也不约而同地对我有很强的防范心理。

而我刚下定决心要好好跟大家打成一片搞好关系，家里又发生了变故。于是我开始起早贪黑地打工赚钱，一天出现在学校的时间都很有限，更别提出现在课堂里。于是大家眼里，除了考试前会出现，平日里也和我只是见面点个头，打个招呼。

至于本该成为闺密的室友们，也因为我不跟她们一起讨论衣服、化妆品、美甲、美发、韩剧，而渐渐地与我拉开距离。

在她们的眼里，我是个成天邋里邋遢、早出晚归的怪物，一个根本没法沟通交流的怪物！

于是，我一个人，起床、上课、工作、吃饭、看书，再到一个人旅行。

一个人旅行以后，更多的非议袭来。

我变得更加沉默。

越来越多的人，用“独来独往”来形容我，也越来越多的人，用异样的眼神看我。

而当我被越多越多异样的眼神和闲言碎语包围时，我终于明白这种感觉叫做孤独。

而我，并没有你们想象的那样云淡风轻，我开始为这样的孤独感到难过与恐慌。

我试图去融入我并不是很喜欢的小团体，我试图去加入我并不感兴趣的话题，我试图和别人一起去做一些事情，甚至插科打诨大声说笑显得我很合群。

但一旦安静下来，就无比空虚。我常常会在一大群同学或朋友都在开心唱歌、喝酒、吃饭的时候，偷偷地就溜出来，安静地找个地方，坐一会儿，或者提前回去。

我告诉自己，这样不行，你得留下来，你得加入他们，不然你会越来越不合群。可是往往留下来了又让我觉得自己是个躯壳一般，浪费生命。

终于有一天实在郁闷得无处诉说的时候，给学校里倍受争议的心理辅导老师发了一封邮件，内容很简单，大意就是我觉得我不被很多人理解，大家都当我是个奇怪的人，每当我做出和大家不一样的事情时，大家就越排斥我，这让我觉得很孤独。可当我试图去融入他们的时候，我又觉得很浪费时间，很失去自我，很假很不开心。我该怎么办？

那位姓蔡的老师给我回复的邮件，我至今都还保存在邮箱置顶的位置。

我本以为她要么就是像别人一样回答我说，我自己有问题，需要去调整自己的心态，需要去融入大家；要么就是不理我。可事实上她很快回了，回复的内容比我写得还要简短。

她说："如果你觉得你没错，为何要合群？ It is loneliness that makes you different，not gregariousness。（正是孤独让你变得出众，而不是合群。）但凡那些才华横溢、有所作为的人，都是会享受和利用孤独的人，他们在孤独的时候积蓄能量，才能在不孤独的时候爆发和绽放。你想淹没还是绽放？"

我一点都不夸张地说，看完这封邮件后的我，跑到宿舍外面哭了将近十分钟。

一直到现在，我都很感激这位心理老师。其实她也一直是个倍受争议的人，留着短发，面色红润，说话慢条斯理却语出惊人，相信佛法，也笃信科学，在大家眼里她就是个心理有疾病的心理学老师。

即便如此，我依然找了她。或许潜意识里就觉得这样一个不被常人理解的人，或许能够理解我这个同样不被大家理解的人。

事实上，她没有提任何与理解相关的字眼，而只是反问我，为什么要合群。

是啊，为什么要合群呢？我一直努力让自己去合群，事实上，我完全可以不合群。

我努力让自己合群的过程，也是不断否定自己的过程。

你做出了不同于他人的选择，你该做的不是试图用合群去掩盖你的“奇怪”；而是继续不合群，用你离开人群的时间和精力，专心做你不合群的事情，最终让大家看到，你不是奇怪，而是“奇特”。而你最终的爆发和绽放，让你曾经的不合群显得那么的令人崇敬与惊叹。

我很感激她，让我知道，孤独也可以很值得骄傲。

让我相信，我是为了绽放而短暂地孤独，总有不孤独的一天。

在我后来的几年一直到今天，每当我的选择被所有人不理解的时候，每当别人用异样的眼神看我，用不好的言辞评论或者中伤我的时候，我都不再会往心里去了。

我会提醒自己，我只不过做了目前别人看来不同的事情，不同本就是被人所不接受的一种不合群。

若有太多的人和你同一个阵营，恐怕你也不那么特别了，你所做的

事，也没那么大的意义了！不值得未来的你自豪。

还不如好好享受和利用属于你的孤独，好好地积蓄能量，狠狠地爆发与绽放；那些害怕孤独，成天在饭桌、酒局、歌厅里看似合群的人，或许都会淹没于芸芸众生。

而你，那个最不合群的人，会是夜空里最亮的星星。

守好你的孤独。

在四周黑暗无人的孤独里，让自己拔节，疯狂生长。

请你好好说话

曾经在知乎上看到一个问题：

“你见过情商最高的行为是什么？”

答案真是琢磨无穷。

“即使是对最熟悉、最亲切的人，仍然保持尊重和耐心。”

如果是在几年前，我可能还会对这个答案嗤之以鼻，觉得能够兼顾事业、家庭、美貌和身材才是情商最高的行为。

可现在真的是不能再认同更多。

几乎在所有外人的眼里，我都是个八面玲珑的小姑娘，谦虚热心，从来不抱怨、不发火。可是在我熟悉的亲人朋友那里，我却是颗时刻会爆炸的小星球。

我在大三之前的很长一段时间里都不喜欢跟我妈说话，原因是我俩实在没法好好说话，讲不了三句话就充满了火药味，以致无法再心平气和地对话了，但等平静下来又都抠着脚板后悔得牙根儿痒痒。

我一度将过错归咎于我妈。

举个例子：

我大包小包地拎着行李坐了二十八个小时火车后到家进门累得摊在床上，她会进来问一句："怎么累成这样?！"这个时候我往往很没好气地回一句："你说呢?！这不是废话吗？"

我妈只好一脸落寞地出去或者干脆一屁股坐在床边开始念叨："你怎么对妈妈态度那么差……"然后我就更加烦，说赶紧出去出去。

有的时候若是我妈心情也不太好大声回我一句，我们的往往就演化成为了一场不小的口角之争。

我觉得我妈简直是太过分了，一点都不设身处地地心疼我也就罢了，还明知故问；明知故问也就罢了，她还比我更委屈了！真的是不可理喻的更年期女人！

这还算好的，还有更激烈的以暴制暴，一个比另一个更大声说话，好像谁的声更大，谁就更有理。

战火纷飞的家庭对话局面的扭转是在大四寒假。

那一次，我身体不舒服睡了一下午，忘了去阳台把我妈交代要收的被子收进来。我妈一进门就开始习惯性地大声念叨："哎呀！你咋回事啊，怎么不把被子收进来的啦！都冷掉了，白晒了！"

按照以往，我会用比她更大的声音毫不客气地回过去："我忘记了嘛！又不是故意的！"

接下来，我妈一定会更加大声地："你总是这样，一点儿也不认真！什么事情都忘记！你这样成什么大事……”

然后战事愈演愈烈……

可那天我实在是没力气大声说话，于是用特别淡定而低沉的声音跟我妈说：“啊，下午不太舒服睡了一觉，给忘了……”

出乎我意料之外，我妈居然没有大声抱怨，反而用温柔的声音说：“啊？不舒服啊？那你快接着睡。”然后轻手轻脚地离开了房间。

我这是第一次尝到了两人都轻声说话的甜头，世界怎么可以如此安静，如此美好，如此温柔。

我妈应该也是如此。

因为第二天我俩居然都不约而同轻声细语地说话，温柔地回答对方的问题。

一直觉得谁说话大声谁就能取得战争胜利的我们，似乎都开始意识到，好好说话，根本连战争都不会开始。

也是从那次开始，我花了几个晚上认真地回想了一下曾让我苦恼过的关系危机。

前几次恋爱的失败，是不是真的都是他们的不可理喻和我的无辜受难？

答案是，不！很多次，都是由于我的不好好说话。

跟好朋友为数不多的几次闹僵，是不是真的都是他们的斤斤计较误会我的意思？

答案是，不！似乎同样也是由于我的不好好说话。

跟家人的唇枪舌剑，是不是真的是他们的不理解不关心不体谅？

答案也是，不！同样是我根本不好好说话，没给他们理解我的机会。

我总是不耐烦地说：“不知道。”“我不是说过了吗？”亦或是阴阳怪气地说：“那你觉得我应该怎么样呢？”又或者是冷冰冰地说：“你别来看我，我忙着呢。”

总之就是不能好好地回答对方的问题或者是温柔地回应对方的关怀。

于是误会与矛盾在如此这般不好好说话下越来越深。

而当我开始耐心温柔地对待身边的人时，我惊讶地发现不止我一人不好好说话。

许多吵架的夫妻、情侣和父子，大多也是由于连自己都没意识到的不好好说话。一方埋怨对方不够重视，另一方责备对方锱铢必较，最终在吵吵闹闹中不欢而散。

其实，那些我们以为的别人对自己不够重视不过是因为我们对自己太重视了，自以为是地认为我们说过的每一句话，别人就必须牢记在心，如果不是，就委屈矫情得不行。

忙碌疲惫的工作与生活，谁都难免会有疏漏。哪怕是再爱你珍惜你的人，你也不能强求对方把你的每一句每一字听进耳里记在心里。

寸步不让的我们，都是只希望整个世界温柔地对待我们，却不曾温柔地对待整个世界。

那个曾经也得理不饶人寸步不让的我，现在才明白，有那些去苛责对方的时间，不如耐心地再说一遍，好好地再回答一次。

后来我每次遇到两个熟悉的人互相喷着火药不好好说话时，都会走过去笑着说：“你俩好好说话行吗？好好说话。”

我们常常对不亲近的人彬彬有礼，尊敬有加；却对自己熟悉亲近的人，任意伤害，口无遮拦。

越长大，我越意识到这样的可怕。

我也越明白对每一个人，哪怕是熟悉、亲切的人，仍然保持尊重和耐心，是真正成熟的标志之一。

好好说话，是一种很可贵的耐心，这恐怕是对亲情、友情、爱情，这世上每一种感情最大的尊重与呵护了。

没人记得你曾经的难堪

我大二的时候，如愿以偿转了专业。以学院第一的成绩从刚入校时被调剂去的机电学院机械测控系，转到了全校最好的经管学院物流管理系。

在很长的名单里成为少数两个转入物流系的人之一，看似风光，实则压力很大。

所有大一学习的必修课都成了选修课的学分，意味着我要在重新补修所有他们大一的基础课程，同时跟上大二的专业课程。很多专业课程是基于大一的基础会计课的，因此我第一、二周跟起来颇为费力。

经管学院和机电学院的上课风格非常不同，机电学院的老师非常严谨而务实地讲原理，在黑板上洋洋洒洒一大片计算一道物理题，而经管学院的老师喜欢潇洒地坐着边开玩笑边讲课，最喜欢的便是讲一会儿就提个问题，然后随便叫个同学起来回答一下问题。

而那个时候的我，最害怕最担心的便是被叫起来回答问题。每次老师开始目光扫视全场，我就情不自禁地开始握紧双手，心中默念老天保佑别叫到我。

不是我害羞怕生，而是我真的怕回答不上来出洋相。

好歹也是代表机电学院的第一流水平，被叫起来了啥也不会真的是太丢人太尴尬了。

于是我一方面加班加点地学习，一方面心心念念地祈祷。

可是我还是很不幸地被叫到了，而且还很不幸地被问倒了。

孤零零站着被老师数落“你怎么连这个都不知道，你是不是买进来”的时候，我清楚地听见课堂里的笑声。

那一刻我简直是羞愤难当。

默默坐下以后，那一节课都不敢抬头看黑板，生怕抬头看到周围人嗤笑的目光。

这件事情以后，我加倍地补习，白天上别人两倍量的课程，晚上要有补习和预习。

但是整整一学期我都心有余悸，每一次被点名叫起来回答问题都感觉周围有明显的偷笑声。

哪怕我的回答非常完美，哪怕我每一门课的成绩又都排到了第一，我都觉得别人始终记得那一次我难堪地被斥责“你怎么连这个都不知道，你是不是买进来的”。

学期末的时候班级聚餐，大家都喝得有点多。班里人缘最好的飞哥开始大声嚷嚷：“王令凯，你来了以后，老子本来还是班级第一的也被你给挤下去了！”语气无比真诚，听不出一丝妒意。

他语音刚落，大家也开始你一言我一语。

我很惊讶地听着大家很是真诚的赞美，那一刻受宠若惊。

回去的路上，男生喝多了甩着膀子在前面唱着歌，女生们叽叽喳喳跟在后面。室友婷一边拉着我胳膊一边问我："糖，你这是第一次参加班级集体活动吧！你怎么不太愿意跟大家一起啊？"

我犹豫下，很不好意思地回答："因为我觉得你们看不起我。"

婷转过身睁大眼睛看着我，"你在说什么啊？我们看不起你？我们膜拜你还来不及呢！从你还没进来我们专业就开始膜拜了！"

我也惊讶地望着她说："可是我刚进来就被财务老师取笑啊，说我是买进来的。你不记得了吗？"

她有点无法理解地看着我苦笑，"谁还记得那事啊？我完全不记得你说的了！"

我突然间开心又后悔。开心的是，原来人家早就忘记了；后悔的是，我居然背了那么久的难堪，远离人群。

我后来想想觉得自己真是可笑，以为大家会如同我一样关注自己的感受，记得那些被嘲讽过的尴尬瞬间。可事实上大家早就忘记了。

同样的事情后来也发生在和我一样的其他人身上。

一次约了一个不是很熟的朋友在咖啡馆等另一个朋友一起商量事情，期间他起身去厕所回来，我发现他裤子拉链没有拉紧，便很多事地提醒了一句。他红着脸赶紧背过身去拉上了。我很快便忘了这件事情。

但后来几次再约他，他却总是各种理由不和我们一起出来了。有一天我忍不住开玩笑说了一句，"是不是不想见我们啊！"谁知我们的那个共同朋友小声说，"他是觉得见着你尴尬。"

我一惊，怎么了？

这才知道就因为那件拉链的小事，他一直尴尬躲避。

可那么一件小事，我早就已经不记得了。

我想可能我们都太把自己当回事，才会以为大家的焦点都在自己的身上。

可是这个世界每天都在用车轮战似的琐事碾磨着大家的时间与精力，真的没有多少人会太多关注你这个跟他们的生活好坏毫无关系的人。

我们念念不忘的难堪，其实别人早就忘记了。

我见过一些三四十岁经历过更多难堪景象后的人们，往往对于这些我们以为的难堪与嘲讽他们都早已云淡风轻，可是这个年龄的我们，很容易就被一些不经意的话语划伤并不厚的脸皮。

若你捂着伤口扭头跑开躲起来再也不愿意让大家看见你的脸，恐怕你就真得留一辈子这块伤疤了。

但其实你完全可以大大方方地去抹上药水，包扎好伤口，细心地照料它，让它复原。谁都不会再看到你曾经受过的伤害。

让你念念不忘的那份难堪，成为你努力的动力，而非堕落的理由。

因为只要你成功了，没有人会记得你曾经的难堪。

30字的完美简历

前几天朋友圈被一篇报道刷了屏，内容是关于某某上市公司聘请J某某担任总裁。

而这个J某某，是跟我关系还很不错的直系师兄，只比我高一级。

我看到这个标题的时候也是吓了一跳，不是吧？这离他离开上一家央企不是才一年吗？这不是我毕业才一年吗？怎么我还在苦哈哈地奔波，人家已经当上总裁了?！这也太牛了!！

于是我们这一级的小班群里炸开了锅。

“J总（我们以前就叫他J总）是怎么进去的啊？”

“靠他爸爸关系吧应该？”

“他现在这女朋友的爸好像也是当官的！”

“人家集团说不定就是缺钱呢！”

“上市公司不应该啊。”

“说不定找J当替死鬼呢！”

……

真的是各种脑洞大开的猜测，我看着屏幕，摇摇头，默默地把手机放到一边。

不是因为我跟J总的关系好，而是因为我已经绝对不会轻易去做这种关于别人行不行，能不能，好不好的判断了。

虽然我很清楚我做不到，但我提醒自己别这么轻易地下结论说J总就做不到。

这个世界上，总有很多人很自以为是地以为若是他们做不到的事情，别人做到了，必定不是什么光彩的正道，必定不是靠自己的实力。

包括我。

曾经看到托福GMAT拿满分的人，就会想着“怎么可能！这个人肯定是小时候在国外生活过吧”。

看到保养得特别好的中年女人，就会撇嘴“肯定是花重金打玻尿酸啊，这针那针啊”。

看到年轻貌美的女孩开着豪车经过，就会想着“卧槽，肯定是二奶吧”。

看到年纪轻轻上了富豪榜的青年才俊，就会揣测“肯定是家族企业吧”。

看到年少成名靠参加选秀红遍大江南北的歌手明星，就会怀疑人家“估计是被潜规则了”。

……

这样的例子几乎每天都发生着，我也曾一度全然不觉自己在这样的想法里越堕越深。

直到大四有一次去参加一个很牛的公司的面试，面试通知邮件里最后有一条是：请携带不超过30字的personal statement（个人陈述，后面简称PS）。

我一看，疯了吧？30字?！我挨个把自己工作实习过的公司名字和读过书的学校名字列一遍都不止30个字了啊?！

我想了想，绝对不可能！应该是他们漏写了个0吧？于是便也不去多想了。

等到面试那天，我带了份自认为已经是非常简洁的PS过去，一路上都觉得真是憋屈啊，很多东西没写进去呢，实在没有发挥我洋洋洒洒的特点，都没充分展示我的闪光点呢！但是没办法，还是尽量符合这个公司简洁精准的办事风格吧。

说不定别人都没看见最后一条说明，带了厚厚一沓简历来呢！我自我感觉极其良好。

到了公司，我递交上我的PS后，三个面试官不约而同地皱起了眉头，一个头发花白的外国男人问我："你这个字数超过30字了，起码得有400字吧，为什么不按我们的要求做？"

我愣了一下，什么？真的是30字？不是逗我玩儿？

我有点怀疑地说："30字？30字写一篇PS根本是不可能做到的呀！这字数也太少了吧！"

一个女面试官很凌厉的口气："不可能？不可能的事情我们怎么会要求你做？"她说着把一叠PS亮在我面前，"他们都可能，为什么只有你不可能？"

我刷的一下脸就红了，支吾着说不出话。这是我唯一一次期待着面试官赶紧说："好了可以了，请你出去吧。"

但是试场里出现了几秒钟的沉默，这几秒钟对我来说，竟然跟失眠的夜晚一样难熬。

那花白头发面试官又开口了：“你觉得这个世界上不可能的事情，是因为你没有试着去做。”

我抬头看他，他居然表情温和。

我犹豫了一下说：“谢谢您！我知道我的问题出在哪里了。不知道是否方便让我看一眼其他人的PS，我想知道自己的差距有多大。”

他们几个互相望了一下，点头示意后将一沓PS递给我。

我在拿过来的一瞬间已经被最上面的一份震惊到了。

那整张纸上画了一个应该是以面试者自己为原型的卡通人物，最上面是他的名字，然后是一个巨大的脑袋，脑袋顶部是开放的，用一大片电脑芯片画成了原始森林的样子，旁边写着：computerized mind，左手拿着画板，写着：Photoshop Skiller，右手举着一叠报告，写着：Report expert，中间的领带处别着个话筒，上面写着：Good Presenter，心脏的位置画了一颗奇形怪状的心，写着：Creative heart，脚踩锃亮的皮鞋，穿着毫无褶皱的西裤，旁边写着：Detail-cared……

我一边看，一边手心冒汗。

这样一份不超过20个单词的PS，我在看完4年后的今天还能够一字不差地回想起来，并且画面栩栩如生，你可以想象它当时带给我的震惊，以及给面试官们带来的印象有多深刻。

接下来的一沓PS里，有画一个大转盘，写出自己的几个特质的；有在一条竖直的时间轴上写了自己做成的几件大事的；还有剪切了几幅自己发展过的作品粘上去的……

总之没有一个是多于30个字的！

但是我看完每一份PS都如同看到了一个活生生的人站在我面前，我知道他的个性如何，特长是什么，有过什么值得称赞的荣誉。

而我那张全是字的白纸，恐怕人家连看都不想看，即使看了，也不会留下任何印象。

我很不好意思地将一摞纸还给面试官，很诚恳地鞠了一躬：“很抱歉浪费了你们的时间，在来这里之前，我总觉得有些事我做不到，也是不可能做得到的。谢谢你们让我知道我的想法有多愚蠢。谢谢！”

我关上身后那扇门的时候，长长地舒了一口气。

回去的一路，都走得很慢。

我不是在难过失掉了这么一个工作机会，而是在回想在过去的十几年光阴里我究竟失掉了多少次机会？让本该存在的可能，成了我嘴里的不可能。

我明白了一个让人很恼火去承认的事实，那就是：

那些我觉得不可能的事情，其实根本不是不可能，而是对我来说不可能而已。

对一个根本不会去思考去想办法让其变成可能的庸人来说，可能也成了不可能。

后来我试着去做一份字数在30字以内的简历，用了四个晚上后，真的也做出来了。

后来我试着再去做另一份简报似的简历，在用了三个晚上后，同样也真的做出来了。

而在之前，我认为简历就该是白纸黑字，从教育背景到工作经验到兴趣爱好。但其实充满了那么多的可能性！

会有人记得你的勇敢

回初中母校看望老师。

其他人都回去过不少次，我则是毕业十年后第一次回去。

一路上初中里关系还不错的几个同学开始数落我：“就数你没良心了，一次都没回来过。”

我也嘿嘿笑着说：“反正老师们又不喜欢我，看不见我最好呢。”

谁知好几个人竟然一齐说：“老高和老胡可想你了，每次都问你怎么不回去。”

我一愣，这还真是出乎意料。

我一直觉得我初中三年干的唯一让老师们满意的一件事就是提前考上了最好的重点高中里最好的实验班，而其余的时候，他们绝对是恨我入骨。

因为我干的坏事实在多到我自己都不好意思回想：

每天迟到、早退，上课讲空话、看小说、吃零食、听随身听、翻墙、逃学、打架、谈恋爱……

简直是三无人员：无恶不作，无法无天，无所顾忌。

而他们对我的惩罚也没有间断过，每天都会有罚站，三天一小告状，五天一大告状，总之也不会让我有一天好过。

所以即使我离开十年没有回去，心里都毫无愧疚感，因为我觉得他们应该也不想见到我这个曾经让他们头痛的问题少年。我不出现以避免让他们心里添堵是多么善良的举动。

可没想到曾经最讨厌我的老师居然想我！

老胡和老高见到我后很高兴，先把我过往的种种劣迹如数家珍一番，直到我差点开始觉得他们想见我只不过是为了把以前没解够的气再痛快撒一遍的时候，突然间老高话锋一转："你这家伙，刚开学的时候我就喜欢你了！"

我很诧异地问原因。

老高看了我一眼，欲言又止："我说了你可别翘尾巴啊。"我点点头，"因为你开学第二天竞选班长跑上去在黑板最上头写了大大的你的名字，我当时就觉得这小姑娘以后肯定有出息。"

老高话音刚落，在场的同学们都纷纷附和："我也记得那次！你简直是太有气场了！呼呼地就上去，说了两句话，把自己名字写在所有人名字上面。我当时在底下想，这女的简直太酷了！"

他们这么一说，我想起来了。是有这么回事。

不过没他们说得那么酷，我在冲上台之前犹豫了好久，一方面因为从小没当过班干部，想着也该对自己有点要求，但是另一方面又怕丢人。

怕丢人是因为这所私立初中很变态，学生的学号是按考进来时的成绩给的，1号就是第一名，55号是最后一名，基本上后几名都是塞了点钱才得以进来的。

上台竞选的时候得报学号啊！我的学号是45，一听就知道进来的时候考试成绩是很差的。怎么可以竞选班长呢，对不对？你看上台连竞选体育委员文艺委员的人都是学号30以前的呢！我上去岂不是很丢人？

于是我在那踌躇半天，眼看着该上台的都上过了，老师也开始问："还有没有人了？"自己再不上去日后肯定得成自己所鄙视的"我如果当初……现在肯定比他强"的那种人，就一吸气一闭眼雄赳赳地上台了，上台的时候走得呼呼的带风，其实也是因为紧张，想着越快结束越好，于是干脆只说了句："既然上来了，我肯定是竞选最有挑战性的班长了。"然后扭头写名字的时候发现也没什么地方了，索性写最上面吧！

整个过程对我来说一点也不酷，但是在别人的眼里是那么的酷。

最后我很情理之中地没被选上，选上班长的是考进来的时候拿奖学金的女生。

时至今日，若是不被老师提起，我是必然不记得的了。这种不算光彩的事情，在大脑清理有限的容量时，肯定是优先被清理的。

只是没想到当时的举动大家还记得那么清楚，一时间感怀不已。

在成长的岁月里，因为自己总发出不一样的声音，所以总被各种各样的棱角扎痛，我便不可避免地总会想，大家只会关注那些优秀的成功人士，我这万千众生中的普通一员，做过的事情说过的话，又有多少人记得呢？若是做得好了，恐怕还能换回当下的几句赞叹，若是做得不好，还不是茶余饭后的一些笑谈。

那又何必去做那只出头鸟？

于是，我也不愿意做那个不同的人。有什么不一样的观点，自己心里想想就好；有什么该去争取的权益，想想要不算了，得罪人就放弃了；有什么要去付出很多努力才会实现的别致效果，想想这么麻烦也不一定会成功，也就算了。

我慢慢也变成了那个自己也讨厌的冷眼旁边的人。

可事实上，我们总会记得那个不一样的人，那个勇敢的人。

曾经很佩服的年级第一，高考状元，雅思满分，现在早就不记得了。取而代之留在脑海里的是第一个在学校门口摆摊卖家乡正宗凉皮的成绩普普通通的同学，人家现在有了自己的公司，把凉皮店开满了北京高校的门口。可他曾经，也被无数人笑话丢人。

曾经很羡慕的校园名角儿，院花校花，杂志平模，早就忘记了模样，取而代之记得清清楚楚的面孔是第一个说要去做婚礼摄影的长得不美的学妹，现在她拍摄过的新人已有400多对，成了国际认证的纪实婚礼摄影师，有了自己1000多平方米的工作室。

……

那些以前觉得很厉害的人，现在几乎都记不太清了，可是刻在脑海里的都是那些曾经不被看好的名字，曾经不那么出色，但是却勇敢去做的不同的人。

想起自己高中时编导的话剧，几次被教导处卡住，最终在我们共同的坚持下上映，取得了空前的轰动，8年后的今天仍然会有学弟学妹恍然大悟地指着我说："哦，原来那个剧是你排的呀。"

小时候的绘画老师现在遇到我妈还仍然感慨我那个时候不听他的，执意画自己喜欢的风格，结果还真拿了大奖，高考不考美术学院真是可惜了。

在保研面试时，曾经当面在课堂被我反驳的老师是其中一个面试官，当时心想完蛋了，谁知他对其他面试官说："这是个有主见有思想的学生。"

去北川支教的几年后，遇到当时极力反对我的朋友，骄傲地向他的朋友介绍："她当年一个人去北川灾区！"

小学时的好友结婚的时候寄给我请柬，上面写着："TO 我人生的第一个骑士"，她说她始终记得我带着她做了很多她不敢做的事，看见了不一样的世界。

闺密在我一拳抡向她混蛋男友说"你他妈再欺负她试试。"之后的好几年，对我说，那一拳让她知道，友情比爱情来得结实得多。

原来好多好多自己忘了的事情，居然都刻在了别人的脑海里。

那些你觉得幼稚或者难堪的瞬间，不知不觉地让你成了别人眼里勇者和骑士的代名词。

所以不要再去担心自己的勇敢会是愚蠢的无用功，不要害怕自己的付出是徒劳的，不要犹豫会不会有人记得自己的名字。

也许你去做了，结果会是丢人的，会是难堪的，会是失败的，但绝对不会是徒劳的，因为一定会有人记得你所做的。

所以，放心吧，去说，去做，去奔跑，去撞得头破血流，去拼个石破天惊，总会有人记得你的勇敢。

你的努力，会值回票价

我跟梁先生第一次正式说话是在国外一个餐厅里，因为一个奇怪的理由我请他吃饭。

刚开始气氛有点尴尬。终于他开口问我：“你怎么过年不在家呆着，却跑出来玩儿啊。”

我说：“我不是出来玩的，我是来学厨的，我要回去拯救中国人。那你呢？你不也不在家过年！”

他用很认真的表情跟我解释：“家里待着三姑六婆就得催我找对象，农村那些很夸张的。所以出来避难。”

我很惊讶，“你是农村的？我以为你富二代呢！一大堆器材，又那么大排场，到哪都喊着你请客，你看他们都喊你BOSS。”

他继续用很认真的表情跟我解释：“没有啊，我只是觉得他们都还是学生，都没什么钱，我工作了，我能来就我来咯！我是农村出来的孩子啊，才不是什么富二代。我平时也不花钱，除了工作都宅着，这些是我唯一花钱的地方了！”

我还没想好接什么话，他开始得啵得啵说他的故事。

我才知道，这个看上去咋咋呼呼的不良少年，居然是全球最牛的咨询公司的经理，这倒不稀奇，稀奇的是他告诉我虽然他现在拿着过万的月薪，可是他五年前刚出道的时候，每个月只拿400块的薪水。

我瞪大眼睛，400块钱？怎么过啊？也就够我这么个女生吃饱喝足而已吧？何况是这么个傻大个！还得租房呢！

他还是一副很认真的表情，“对啊，就是400块钱啊！而且每天累死累活，七点起，凌晨两点睡。”

“我知道咨询行业跟学金融的干投行一样，都是性价比超低的苦职业，可是你这也太苦了吧?！ 400块钱，你怎么熬的呀？你犯得着吗？你随便找份别的工作也行啊！你不是学物流的吗？你去当快递员都不止这个数！”我在那愤愤不平。

“我决定跨行业，就得吃比别人更多的苦，学比别人更多的东西，花比别人更多的时间。我那个时候，做的活儿是全公司最多的呢，现在想想那是我最充实的一段时间。”他憨憨地笑。

“你傻呀，拿400块钱，那么拼命干吗！”我的嘴巴无法伪装地透露出我爱钱的庸俗。

“不，我觉得拿400块钱，干4000块钱的事情，总有一天我会值4000块钱。”他放下筷子，看着我说，眼神温厚而坚定。

我突然就说不出话来。

“我工作半年的时候，工资从进去的400块钱到了4000块钱；我对自己说，现在我要做10000块钱的事情，总有一天我会值10000块钱。第二年的时候，工资真的到了10000块钱，可我还是决定跳槽到现在的公司。我要进最好的公司去锻炼去成长。第三年，我的工资涨到了20000块钱，第四年涨到了30000块钱。我一直告诉自己，拿着多少钱，一定不要只做这么多的事，你只要做得更多，更好，总有一天你会值得更多。”他停下来，吸了一口饮料，接着说，“去年我用这几年攒下的钱，给家里人盖了一栋五层楼的小别墅，这是农村里的人一辈子的心愿，我妈当时都哭了；我还给我弟弟出了聘礼，办了婚礼；现在我终于可以放心地开始为自己考虑了，所以就开始买一些我喜欢的电子产品，出来玩玩。””他边说边仰头喝下一大杯饮料，“我觉得一切努力都会值回票价。”

我在一边听得还没缓过神来。

倒不是因为他的真实故事太过挑战我对他的错误印象，而是他说的那句“我觉得拿400块钱，干4000块钱的事情，总有一天我会值4000块钱”。

我想起我之前游戏公司里的小姑娘，写的新闻稿一塌糊涂，我生气地问她，她却回了句：“一个月2000块钱工资，你还想怎么样?!”

当时被气得说不出话来，只得看着小姑娘离去的背影安慰自己，“是呢，是呢，就跟你淘宝买件衣服似的，就花那么点钱，能指望有多好的质量。”

现在终于明白了，她的潜台词是，你给我2000块钱，我就只能做2000块钱的事，谁让你图便宜的?

你要是给我5000块钱，我自然就会做得好的。

我当时就应该不留情面地回她：“老子凭什么要给你5000块钱?! 你是

不是应该在拿着2000块钱工资时，先体现出你有5000块钱的价值，我才愿意付你5000块钱呢。你根本不值，瞎吆喝什么。”

其实我完全明白很多刚入职场的新人的想法：“我那么卖力干吗，又不一定在你这待很久。”

嗯，现在很少有人在一家公司干一辈子了，本来在中国可以活得长久的企业就不多，去更好的企业做更好的工作，跟忠诚与道德无关，是每个人都希望的事情。

可不同的是，优秀的人，在哪里都做着比自己拿的薪水要多的事情，奠定坚固的基石，越走越高。

如同梁先生一样。

他是聪明的，也是值得敬佩的。他在拿着400块钱的时候，做着4000块钱的事情，这中间的3600块钱虽然没有拿到手，却演化成了最重要的东西——技能和态度。**“万般带不去，唯有业随身”**，这恐怕就是他修炼得到的“业”：没有什么考得倒的专业技能，没有什么不需要的好学态度。

修炼得到的这份业，让他可以在今天自信地说出“我可以不谦虚地说我是这个行业的专家”这句话。

如果你像梁先生一样，在拿着400块钱工资的时候，做着4000块钱的工资，老板总会看到你值这个价。

是的，**一切努力，都会值回票价。**

C H A P T E R 2

第 2 章

拼了命，让动感的青春闪耀亮丽的光彩

人生里那么长的岁月和那么难走的路上，你本来就没有理由一定要脱颖而出，你本来就没有被赋予非得成功。那些痛苦不堪失落失望失掉所有方向又是再正常不过的时刻了。在这些时刻，你所要做的，是必须时时刻刻认清自己的价值。所谓认清自己的价值，不在于你辉煌得意时对自己的评估，而恰恰在于你迷茫、无措、落魄、失意时，对自己的清醒判断和坚持。其实，你的成功无非就是跋山涉水，抽丝剥茧，实现那一个个很朴素的愿望。

生命里最好的安排

“这有可能会是我日后会悔青肠子的一个决定。”

我在把哈佛大学和剑桥大学的录取通知书叠起来放进我的箱子最底下的时候，这么告诉自己。

于是放进去的手又重新把信拿出来，拆开看一眼。

如此反复三次后，我提醒自己事不过三，然后我把箱子的盖子重重合上，在室友们抬头看过来惊吓的目光中，走出宿舍。

记得很清楚一周前，当传达室窗口递过来这封越洋挂号信时，我那个复杂的心情。

双手颤颤地，在三月的春寒料峭里，打开信封。

很小的congratulation“祝贺”映入眼帘的时候，第一反应是暗暗地yes了一声。

可是看到后面的没有奖学金，心情又陷入了谷底。

虽然此等高等学府的商学院不给我奖学金是在预料之中，但仍然是深深的郁闷。

我想到家里的经济状况，想到妈妈一个人还承担着很多的贷款债务，想到这高额的学费，根本不是我们可能负担得起的，不禁问自己，去了能赚得回来吗？

原谅我第一时间想到的不是去了名校能否学到知识，学到本事，而是能不能赚得回来，的确有点俗，可是那对于当时的我来说真的是最现实的问题。

我相信，若我选择告诉家人，哪怕砸锅卖铁，哪怕借钱，我妈、我阿姨、我外婆也会让我去。

哈佛，这个太过耀眼的名词，在我们那个小城镇足以引起轰动，足以让我妈在所有人面前昂首挺胸，并且下半辈子拥有足够多的谈资。

可是，我真的无法确定，我去了之后，一切会是什么样？

我所能想象到的，是我去了之后面对的巨大学习压力和经济压力，高人辈出的地方，全身心投入学习都不一定能赶得上，何况还得打工赚钱。

这些还都不算什么，可是我还能够想象得到的，是我妈又开始不吃晚饭，只因为单位食堂只包早餐和午餐；

是我妈看见喜欢的衣服上上下下试好多次，然后撅着嘴一脸嫌弃的表情，还对售货员说：“穿着一点都不好看。”可是却还忍不住回头偷偷看好几眼；

是我妈只能用最普通的化妆品，穿最普通的衣服，每个月用那仅有的工资来还债的身影。

想到这里，我眼睛就已经生疼得没有办法再继续。

这几年，曾经年轻美丽和我一起走出去都以为是我姐姐的老妈，因为我爸离开时的巨额债务，一下子如同被抽了精气神一般，迅速地萎缩了。我有一次看到她对着镜子戴假发，才真的意识到妈妈老了。

我怎么可以让她为了我那不可预测的未来，再付出更多的艰辛？

接下来的几天里，我的心里承受着巨大的煎熬。一方面是自己梦寐以求的名校，是自己努力了大半年苦熬了大半年的成果；一方面是家里的经济状况和省吃俭用的妈妈。

我曾经梦里哭湿过枕头，醒来后蒙着被子小声喊："我讨厌你们！"

是的，我开始讨厌我的家人。我开始讨厌老天爷。

我讨厌他为什么不给我富裕的家庭？

我讨厌他为什么不给我不狗血的生活？

我讨厌他为什么总是不践行那句："越努力越幸运"？我努力了，可是我并不幸运。

那几天里的我，悲天悯人，眼看着最后做决定的期限就要到，我却失魂落魄。

那天晚上，高中同学生日，去离我学校很远的农大西校区过完生日已经半夜。在打车回学校时，正好出租车上的深夜电台在读一篇文章。这篇文章后来在不同的地方也看到过几次，大体就是说，一个女孩，从早上一出门就开始接二连三地遭到打击，家里电器坏掉，开车被罚，上班迟到，工作不顺利，家人病重，暗恋对象要结婚，总之就是一连串破事儿。

我心里暗想这剧情也太老套了，接下来肯定是峰回路转各种遇到贵人。果然，接下来就是各种误解和好事。

我从鼻子里哼了一声，嗤之以鼻，这世界又不是童话故事！

这司机倒是完全不这么觉得，竟然自顾自地说："哎呀，真好！"

"哪儿好了。哪儿那么多凑巧的好事都给你撞上！哦！你喜欢的人正好喜欢你，你想去的公司正好想要你，你想做的项目正好给你钱，你想去的地方免费让你去，这怎么可能！我就从来没遇上过，这都是天方夜谭的故事！我就不信，有人能有那么好的运气！反正我是没有！"

我越说越带劲，一口气不带喘地把这些天憋着的怨气一股脑儿地冲陌生人吐了出来。

司机倒也不像一般北京的司机师傅那么爱贫爱抬杠，乐呵呵地笑了起来。

他一笑，我更来气。整得他看破红尘超凡脱俗，而我是个特别稚气的小孩子在那赌气似的。

我刚想说您笑什么呀，师傅笑完了。他说："生活嘛，是有很多不顺心不如意的事，也不会像电台里这样一天里又恰好那么多如意的事情来抵消这些不如意的事情。但是我觉得呢，老天爷不会无缘无故做出莫名其妙的决定。**它让你放弃和等待，是为了给你更好的。**"

"您怎么知道放弃的不是最好的？或许以后一辈子都不会有比这更好的！"我仍然没什么好气儿。这司机师傅心灵鸡汤听多了吧，一点都不实际。

"好不好是由你自己来决定的，不是别人嘴巴里的。你觉得是好的，那就是好的，哪怕别人再怎么说不好。对吧？我就觉得我这样特好，虽然很多人瞧不上我，觉得我就一开出租的。但是我就是特知足。我刚被公司裁员那会儿也挺不服气挺埋怨的，但是后来发现挺好的，没什么业绩压力，白天还能照顾孩子。”

我没说话。

“人哪，到我这个年纪，如果真要说学到什么，那就是学到对人生的境遇有信心。**不论上天怎么安排，你都得接受，并且得开开心心地接受。**”司机师傅接着絮叨。

到学校了，56块钱。他收了我50块钱。最后还冲我笑：“姑娘，开心点嘞！老天爷都给你安排好咯！”

我愣愣地冲他摆摆手，慢慢走回宿舍。

或许如那个电台里的故事，也如司机师傅所说，老天爷都给我们安排好了。只不过有的安排发生在当下，有的安排发生在未来的某天。

你不能因为当下有不好的，就不相信未来或许会有好的。

你不能因为当下遭遇了不公，就去痛斥生命整个都对你不公。

你不能因为一些人给你带来的痛苦，就去斥责另一些默默为你付出的人。

我就那么走着走着，突然觉得，我就一直这样走在校园里也挺好。夜里的路灯和高高的梧桐树，一点冷风，但却不那么冻人。整个校园安静得可爱。

我不一定要耗费着所有人的心血，把自己的未来赌在一条路上；

我也不应该因为不得不选择，就去责怪爱我的人们，责怪他们为什么不让我一帆风顺。

我有点后悔这几天对另外几个家里有钱然后顺利申请出国的同学们的冷眼相看，我也很后悔刚才在生日会上酸溜溜地对我的好朋友说什么“你们多幸福”，我更加后悔前一天在电话里冲关心我说我声音怎么这么无力的老妈吼着：“要你管！”然后把电话撂了。

我坐在宿舍楼下很久没上去，突然就想明白了，一点怨恨也没有了。

我开始如那个出租车司机一般深信，每一件会发生在我身上的经历和事件，都将指向一个更加广大、完美的计划，远非我一时片刻所能想象。

就像污泥对莲花而言，并不是诅咒，而是祝福；像茧对蝴蝶而言，并不是阻力，而是助力。是的，每一个困难和障碍，事实上都是一种隐藏的祝福，都是上天美意。

我愿意让自己相信着，一切安排，都会是最好的安排。

我也愿意让自己相信着，多年后的某一天，我再拿出泛黄的信封，可以微笑，并且无憾地对自己的儿女说，看，你妈我多有魄力！曾经放弃了哈佛和剑桥！不然就没有你们了！

这个世界其实原本就是这样。根本没有正确的选择，我们只不过是要努力奋斗使当初的选择变得正确。

你们不能在一起，只是不够想在一起

毕业的时候，学校里很多班级里的很多情侣开始上演各种分手的桥段。

有女的要出国留学，可男的成绩不够好出不去的；

有女的老家给安排了工作，可男的想留在北京发展的；

有女的想留着继续读研，可男的要去外地工作的；

还有的，等到了毕业谈婚论嫁的时候告诉了双方父母，结果父母不同意的……

几乎所有当事人，包括我们看客，都叹口气：“没办法……”

不在一个地方啊，这太可怕了。

我也觉得，嗯，太正常了，异地恋，各奔前程，能坚持的没几个，还不如早点分了别相互耽误宝贵青春。

但是让我们大跌眼镜的是，我同桌琴和她男朋友没有分。

我们几个好友都很不看好，甚至在心里暗暗窃喜着“这下总要分手了吧”的他俩，居然没有分！

至于为什么这么不看好他们，原因真的是这个男的实在不讨人喜欢。

没有礼貌，嘴巴极臭，我们几个怎么着也算是琴最要好的朋友，可都被他损得毫无颜面；

不求上进、不思进取，每天都在逃课玩儿游戏，还拉着琴跟他一起玩；

每天都窝在宿舍死宅，琴叫他吃饭自习看电影基本是得一请二催三恳求；

个子不高长得不好，身边关系好的女生倒是不少；

大男子主义，当着我们的面说：“我肯定不会做饭洗碗的，这都是女人干的活儿；我肯定不会到你们老家去的，哪有男的去女的家乡？”

……

这种种都让我们断定琴跟他在一起绝没有好日子过。事实上确实，琴三天两头就哭鼻子跑来跟我们说要分手。只不过我们附和期盼了三年直到大学毕业他们还没有分掉，甚至开始了艰苦卓绝的异地恋。

毕业后琴回浙江老家考研两年，男生回陕西老家边考研边做公务员。

两个人隔了四个省。在我们看来不出四个月，就会分。

在一起的时候都天天吵着分手，不在一起了感情就更没有可以维系的点了。

谁知道，他们竟然到四年后的今天仍然没有分手。

琴第二年考上研后，又回到了北京。男人还在老家考研，最终第三年也考上了研，追回了北京；第四年琴毕业，拗不过爸妈还是回了老家，曾经说过“我肯定不会到你们老家去的”男人，在去年毕业后，也来到了浙江琴的老家，陪她一起找工作。

前阵子叫她一起出来喝茶，她说父母终于同意了他们结婚。

我很诧异地问："你爸妈同意了？"

琴说："他们没同意，但是也没那么反对了。7年坚持下来了，他们也知道我们有多坚定吧。"

我愣了一下，居然7年了。这么一段不被所有人看好的感情，居然7年了。

琴说："其实我们最初谁也不敢确定，我也没安全感，他也同样没有安全感。只是这么多年异地恋也好，父母的反对也好，我们自身的争吵和磨合也好，分手过几次也好，最终还是都过来了，就突然间都意识到，原来我们那么想和对方在一起呀！原来我们都在分开后那么珍惜彼此呀！若不是那么想和他在一起，恐怕连过去岁月里十分之一的苦难都熬不过来吧！"

她话音刚落，他男人进来了，这次我没叫他他竟然也主动来了。见到我后客客气气开开心心地说又变漂亮了。

我很惊讶地看着他说："你变得会说话了呀。"

他笑盈盈地看了一眼琴："她家教严啊！没办法。"语气里满是幸福，毫无责备。

这是我第一次为我一直以来的"不看好"而感到愧疚。

看来没有什么是不能改变的，只是没意识到对方有多重要，自己有多愿意为他改变。

想起我前年去泰国学厨时遇到的一对夫妻。

我是在上山的小路上无意间发现了他们的家庭咖啡馆。

这其实是他们自己的家，舒适而精致的草屋结构。

在前面设了个小小的吧台，最最干净而简单的咖啡器具，还附带着赠送明信片。

一家人坐在那里吃饭，看你走近，微笑着说“萨瓦迪卡”。

女主人是很文静瘦弱的泰国女子。

你点一杯咖啡，她会很细心地慢慢问你需要哪一种咖啡豆，给你解释每一种咖啡豆的口感有什么不同。

你选完。她微笑说，好，可能需要稍微等一会哦。

然后开始一点一点地磨咖啡豆，煮咖啡。每一步都细心得像是在做一件精美的工艺品。

而她的丈夫，是一个美国籍的日本人，善于言谈，英语极棒。

他从店里放的音乐聊到他做的菜，聊到他以前，聊到他在日本的生活和在纽约的工作。

聊到他为了这个泰国女子，放弃了高薪的工作，放弃了家里的产业，跑到了泰国，每年无数次往返纽约和泰国之间。

他跟我聊着的过程中，都会时不时地转头，看看她的妻子，然后不知不觉地微笑，停下手上的动作，注视着她。直到回过神来对话还没结束，抱歉地笑笑。

这样简单的温馨，却打动了我。

我问他，你离开自己的国家，来到这里，是因为一见钟情吗？

他抬头，看着我说：“我不知道什么是一见钟情，我也不会定义什么是爱。但是我在遇到她之前，从来没想过要结婚；我娶了她这么多年，从未后悔过娶她。”他开心地笑一笑，“很多人说我每年这样奔波在几个国家累不累，可我只知道我想跟她在一起，我想给她好的生活，让她安心。”

我被感动得说不出话。

当女人终于煮完咖啡端给我的时候，她不无抱歉地对我说，今天做的，不是最完美。很抱歉。

突然就觉得这个女人，是那么的有魅力，也完全相信她可以一个人带着孩子在这乡野过日子，等着丈夫时不时地归来团聚，充满幸福和安定，没有怀疑、猜测、不安和质疑。

琴和她男友的一路走来终成正果，以及日本男人和他的泰国妻子的温馨故事，让我更相信，其实没有无法在一起的两个人，只有不够想在一起的两个人。

他们也是让我对异地恋如此有信心的原因。

那些打着异地恋旗号而分手的人，即使没有异地恋，也会分手。

为什么？因为生活中有太多比异地恋可怕得多的阻挠与困难。你们若没有那么想在一起，就一定跨越不了这些阻挠，一定战胜不了距离。

所以，不要老是怨天尤人埋怨得不到所有人的祝福，指责老天为什么不能让你们好好在一起。

你们之所以不能在一起，是因为不够想在一起。

认清自己的价值

当我终于决定放弃出国的时候，我突然意识到自己的处境很尴尬。

已经是晚春。

各大企业早已经在去年冬天招完了人，这个春天只剩下一些春季补招和小公司的招聘。

而学校的保研也早就过了最激烈的阶段，本校和好学校的名额早就确定，几乎已经没有选择。

一时间，拒绝了保本校又拒绝了面试邀请的自己，成了这个校园最尴尬的一群人中的一员。看着那些已经安安稳稳保上了本校的同学每天睡到日上三竿起来后出去逛街，那些已经拿到工作offer的同学收拾着行李要提前来个毕业旅行，我的心里着急又纠结。

我必须在很短的时间内做出决定，我是要工作，还是要读研。

正当我在宿舍一遍遍地筛选还有什么好公司适合我去的时候，突然间来了个机会。室友说，那个×××（学院一女学霸）去了那个保研项目哦，好像是双硕士的，现在还有最后一批呢。明天就是截止日期了，你要不要去问问？

我当时没多考虑，想着这么好的机会，怎么能放过？立刻就往学院办公室跑。

辅导员惊讶地看着我："王令凯，你不是GMAT考了760分吗？怎么不出国了？"

我嘻嘻笑着："不出了，在国内读研也一样。"

辅导员白我一眼："当时那么多好的保研机会你都不要，现在只剩这个了你来了。人家最后一批昨天都已经报名结束了啊。"

又被浇了盆冷水。看来命中注定要找工作了。

"哎，算了，本来你就是学院第一的，应该排在第一个候选，这报名表还没提交上去，你赶紧填一份过来吧。"

于是我当天填了报名表，第三天就被两个学校的老师们轮流面试，第五天收到了录取通知。

一切快得没来得及让我想，这是不是件值得高兴的事儿？

人总是这样，在忙不迭地争取到一些机会后，开始怀疑这个机会和被放弃的机会哪个更好；在慌不择路地跑进人家给你开的那条大路后，开始纠结是不是自己原来的那条小路更好走。

当我准备签保研确认书，接着便也可以成为翘脚一族的时候，突然许多大公司的补招频频出现在校招网上时，我开始犹豫和纠结了。说不定我去应聘了就成功了，我就可以进大公司了。

我这些纠结的话语都进了保研到另一个学校的室友耳朵里，终于有一天她在刚起床就被我一声大叫：“啊，×××公司居然在招这个职位！这个我很适合啊！”室友被吓得清醒过来时，忍不住很困惑地看着我说：“糖，你在纠结啥啊？你本来不就没打算工作吗？你出国不也是读研吗？”

我一愣，完全回答不上来。

是啊，我是怎么了？我本来不就没打算工作的吗？

我怎么这会儿开始考虑工作了？

她看着我怔怔的样子，继续损我：“你这就是有病！你本来就说不想工作的呀！”

是啊，是挺有病的！

我像是被突然揭穿了的说谎话的大人一样，难堪得不知道怎么回答。

现在想来，其实也能理解当时的自己。当你身边的人，都有了差不多明确的未来，或者差不多实现了既定的目标，而我却既没有实现自己既定的目标，又没有进一步找到新的未来方向时，那种迷茫无措和失魂落魄，恐怕经历过的人才会明白。

而人在迷茫无措和失魂落魄时，是最容易动摇的。

即使是曾经自己决定不走的路，可能也会看着别人走得不错，而选择踏入。

我找了个没人的地方好好地问了自己几个问题。

“你想要从事物流专业的工作吗？”

“你觉得一份公司的工作经验更重要，还是去新的平台获得更多能力与资源更重要？”

“你还想学习商业管理吗？”

“你以后到底想做什么？”

“你还想坚持你的梦想吗？”

几个问题问下来，我终于确定了自己现在的确最想要的不是一份工作，而是去一个更好的平台学习。我明确了自己未来并不想从事物流方面的工作，而是想从商，想要有自己想做的事情作为毕生的事业。

想明白这一点之后，我毅然决然地关闭了所有就业网站的提示，在保研协议上签了字。起码这企业管理+金融的双硕士，能够给我未来事业所需要的技能、知识、资源和平台。

做出这个决定后，我拉着室友出去吃麻辣烫。

她很鄙视我说：“你个小气鬼，去这么好的地方了，才请我吃麻辣烫？”

我嘻嘻笑着对她说：“谢谢你才带你吃你最爱的麻辣烫。”

她咣咣往盘子里倒了双分量的麻酱，吸溜着宽粉对我说：“这就对了嘛，犹犹豫豫往往复复哪里是你的人生！勇往直前才够过瘾嘛！你这样多好！”

我也咣咣往盘子里倒了三分量的麻酱，蘸着鱼豆腐咬了一口说：“其实这不是最好的选择，但起码是让我最爽的选择！有一种老子就是这么牛，就是一条路走到底的爽！”

她嘴里的宽粉一口气没接上，掉在了全是麻酱的盘子里，溅得我俩满身都是。我哈哈大笑，她没好气地说了句你个神经病，然后也咯咯地笑了起来。

虽然我跟她说得像是开玩笑一样，她估计也以为是开玩笑，但其实那种感觉真的很爽。

当你真的对自己有了清醒的判断，确定一直以来的选择仍然是自己想要的，然后抛弃其他选择而决定坚持到底，你会从心底里觉得自己真棒！

哪怕最后失败了都觉得自己很帅！

后来一个师兄跟我说，人会死两次，第一次是你停止呼吸的时候，第二次是世界上最后一个记得你的人停止呼吸的时候。

我认识的许多优秀的人，无论嘴上如何言说，外表看起来如何不羁，内心深处都希望永远不会有如上所说的第二次死亡。

我们如此渴望着可以做一个不同于别人的人，我们如此希望着会有些人记得我们的名字、记得我们让这个世界有过的一些改变。

在人生那么长的岁月和那么难走的路上，你本来就没有理由一定要脱颖而出。

除非你跋山涉水，抽丝剥茧，这过程又要权衡各方利弊，路途遥远，何止九九八十一关。

而在这遥远的路途上，那些痛苦不堪失落失望失掉所有方向又是再正常不过的时刻。

在这些时刻，你所要做的，是必须时时刻刻认清自己的价值。

而所谓认清自己的价值，不在于你辉煌得意时对自己的评估，而恰恰在于你迷茫、无措、落魄、失意时，对自己的清醒判断和坚持。

不想被嫉妒的口水淹没，那就站得再高些

读书的时候，美女如云的商学院有个校花级别的学姐Z。

她非常美，高挑有气质，第一天开学典礼的时候我就被做主持人的她一口流利而正宗的英式英语给征服了，当下觉得她简直是美女与才女结合的典范。

可开学不久，食堂里吃饭、教室里课间总能听到很多关于Z的背景、长相等等的闲言碎语。

风言风语窸窸窣窣，多到我都不忍心听下去。

过了大概大半个学期，食堂门口举行了一场声势浩大的个人摄影展。

去吃午饭时经过，熙熙攘攘的人群中看到赫然写着Z学姐的名字，她美丽的脸，出现在一张大幅海报上。后面是几大排她拍的照片，基本是她环游欧洲的记录片。

这回风言风语可就不再是窃窃私语了，围着的人群里，清晰地可以听到各种不屑的声音，“拍得这么一般，也好意思办个人摄影展？”“还不是靠关系，才能办影展！”

“一天到晚在欧洲玩，还不是仗着自己家里有钱，白富美有什么好嘚瑟的？”……

我听不下去了，连照片也没看完，便挤出了人群。

说句心里话，照片的主题立意或者特色并不能够和其他专业影展相比，但是光从摄影技术本身和后期效果来看，绝对算是在中上水平。

吃饭的时候心情低落，不知怎么的就一直在想Z学姐若是听到这些话会不会很难过。

吃完饭回去的路上路过瑜伽房，里面有很动感的音乐传出来，瞥见里面几个身影在跳街舞，停下脚步看了眼。领头的是Z学姐。她穿着红色的紧身上衣和黑色的宽腿裤，竖着高高的马尾，帅气逼人，她一边喊着提示的话语，一边卖力地跳着。

不得不说，这是我见过女生跳街舞跳得最棒的。你没法想象这么一个平日在舞台上跳着芭蕾的精致姑娘，在跳街舞时会是这么一种令人心动的姿态。

她的动作是所有人当中最到位也是最拼命的，终于在做一个单手撑地旋转的动作时，她手一软没撑住，重重摔在地上。

Z学姐疼得蜷曲起来，女孩子们慌忙围上前去，我在外面也能看到镜子里她脸上痛苦的表情。过了一会儿，她摆摆手说：“没事没事，估计是没吃饭，有点虚，你们继续继续，我去歇会儿，一会儿就好。”

“你没吃饭？刚才不是说大家都回去先吃饭的吗？”

“哎呀，我想着把那一段再练两遍就去，练着练着就忘了。没事啦，你们也多练练吧，没几天了，不能代表咱们学校比赛时丢人啊。”

其中一个女孩一脸心疼又嗔怪，道：“Z你别再那么拼命好不好！你身上的伤够多的了！每次吃力还不讨好！还要被别人说是靠关系拿的奖！真是气死人！”

她笑笑，平静地说：“管人家怎么说干吗？自己做得更好点就行了！”

我隔着一扇玻璃门，看到她的汗珠沾湿了头发，黏在脸上，没有化妆的脸清水芙蓉般美丽，手上到处都是伤痕和纱布。

我看到她深呼吸，舒了一口气，揉着手腕，对着镜子微笑。

突然我也跟着笑了，眼眶湿润。

后来一学期，听说Z学姐拿了全国高校舞蹈冠军。她把影展办到了北京、上海、香港，她依旧是很多杂志和媒体的宠儿，但是对她的形容不再是“北大美女”，而是“摄影师”。闲言碎语依旧多，依旧那么烦人，那么让人无语！

再后来，她的毕业论文获得了“优秀毕业论文”，在我们这个连普通毕业都人人自危的学院，获得“优秀毕业论文”简直可以拿去敲锣打鼓大摆三天流水席的。闲言碎语仍然有，“长得漂亮就是好啊，人家不怎么上课论文都能拿优秀，我们累死累活都还担心毕不了业”。

闲言碎语虽然还有，但是少了，因为谁都知道在这个学院，毕业论文根本没法靠关系。

再后来，她去了香港最好的投行工作，闲言碎语仍有：“这是靠富二代男朋友吧？只不过闲言碎语更少了，大家都知道那个投行，出了名的严格与铁血。

Z学姐去了香港之后，我们因为互相关注了微博和微信，开始熟悉起来。

我知道她每天工作到半夜，甚至几次就直接睡在办公室的沙发上；我知道她每个周末都一定要去各地采风，学习摄影；我知道她还成立了自己的摄影工作室，专门记录美丽的姑娘和美好的生活；我知道她工作一年已经加薪两次，升职一次；我知道她还利用自己的个人影响力创办了慈善网站；我知道她男朋友不是传说中的高富帅，只是个很普通的男孩；我知道她每天健身，身材越来越好；我知道她结婚了，婚礼上笑靥如花满脸幸福。

Z学姐的名字越来越多地出现在各类杂志上。

直到这个时候，那些闲言碎语似乎才彻底消失了。没有人再去说她取得的这一些成就是靠美貌是靠家庭是靠关系是靠男人。

因为他们知道，Z已经站得比他们高太多太多，再多闲言碎语、唾沫星子都已经喷不到她了。

没有人会对比自己优秀太多的人表示嫉妒与不甘，如果有，只是因为你距离他们还不够远，你站得还不够高。

这是我从Z学姐身上得知的。

在读书时代的最后几年，我的身上也不缺闲言碎语。Project拿第一说是我讨好了教授的缘故；比赛拿奖说我是走的歪门邪道；拿到好的实习Offer说我是走了狗屎运；自己创业说我家里是大款……

我没有去难过，也没有去反驳，我只是更加默默地去努力。因为我理解了Z学姐的那句“管人家怎么说干吗？自己做更好就好了。”

有这样的声音，其实比没有要来得好，起码说明我比一部分人要优秀。

可它们同时也警醒着我，那是因为我还不够优秀，所以才会有人指指点点。

所以每当我觉得被完全胡编乱造的唾沫星子喷到而觉得委屈和无辜的时候，我都会对自己说，不如用“回应指责”和“无奈”的时间，像Z学姐那样，让自己爬得更高，笑得更美些吧。

人有嫉妒，有不平，有不服，其实不是因为你做得太好了，而正是因为你还不够好，站得还不够高，还不足以让人抬头仰望。而站在底下抬头仰望别人的人，是喷不出什么真正有杀伤力的唾沫星子的。

跟错了人，就别再心存幻想

这句话似乎该用于形容一段错误的感情。但其实，对于工作，对于事业，同样适用。

我曾经因为跟错了人，浪费了很珍贵的一段时光。

当然，还有金钱和信任。

2012年，北京，冬天。五环外，七里渠。正儿八经的乡村野外。

那时候的我，不住学校舒服的宿舍，为了自以为是的伟大爱情，蜗居在这鸟不拉屎的地方。

且让我用L来代替这个男人的名字。

L是退伍的特种兵，没有正经的工作，四年来已经进行了几次失败的创业，最后靠组织救援队的活动赚点零花钱，在荒郊野外的村庄里过得倒也安逸。

L一直想要做一个户外用品的评测网站，虽然我对户外用品一点也不感冒，但看到他在长达几个月的时间里，无数次地提出这个想法，同时还描绘出了这个宏伟蓝图，却什么都不能做也不会做的时候，我最终带着点不忍，也带着点“你没有我不行吧”的傲娇情绪说：“要不我来帮你吧。”

他似乎等这句话等很久了，当下叫上了另外两个救援队的队员，开始了这次创业。

那个时候的我，很开心地认为自己是这次创业的重要人员，也摩拳擦掌希望能够有所成绩。

三个月后我才彻底明白，其实这个开始本就是个天大的错误。

做自己不感兴趣也不擅长的事情，是为三错；

不是为自己，而是抱着为了拯救和帮助爱人的心态而创业，是为二错；

但最大最大的错，却是跟错了人。

我现在面对我妈对于我当时被爱情冲昏了头脑的埋怨，仍然没有任何的反驳，因为确实我没有客观地分析当时就应该预估得到的结果。

一个在长达几个月时间里不断跟你灌输着他想了好几年的创业理念，却在这好几个月以及之前的好几年里都毫无动作的人，你居然跟着他干？你能指望他有所作为吗？

刚开始的时候，大家都是雄心勃勃，尤其是另外两个小伙伴，Y和H。L的特种兵经历和他的能说会道，让他们对他崇拜有加。能被“队长”L选中，这对他们来讲也算是一件蛮荣幸的事儿。

L是个绝对不会浪费自己当领袖机会的人，非常有范儿地描绘了下他的宏图，然后给我们三个分派了活儿：我负责找设计师设计LOGO和画面，找程序员编程构架整个网站，以及负责一切文字工作，并且还要写全套的商业计划书、PPT和负责找投资。Y和H的活儿少却也不轻松，负责上千户外品牌全部产品的信息收集。而L说，他所需要做的是用他的专业，带领着他俩，最后对这上千个品牌的全部产品做测评。

我当时也是脑子进水了，压根没想到这事儿的可实践性在他身上到底存不存在，就觉得这事儿太牛了，也太难了！他们工作强度好大！不如我把买菜做饭的活儿也都包了吧！

我们三个都摩拳擦掌，谁也没去想想，咦？L现在什么活儿都没有啊！

那会儿是冬天。北京基本所有地方都通暖气，都是政府直接供暖。可这穷乡僻壤的不行，虽然装了暖气管，却只能自己烧煤，才能有热气。而且这自个儿烧的煤，不知道为什么就是没那么暖和，于是我们三个只能每天穿着个大羽绒服，手冻得通红地办公。这些其实都不是事儿，我们心里清楚，创业嘛，可不就是吃苦吗？我们甚至都为着可以体会那种吃得不是任何人都有机会尝到的创业之苦而激动。

可是，我们渐渐地开始觉得不是滋味了。

我们把那个小院的二楼腾出来当办公的地方，三个人挤在一张长桌上，除了电脑便是每个人的杯子，其他啥也没地儿放。而L搬了张很重的实木书桌上来，还有实木的椅子，实木的书架，音箱，他一个人坐在屋子的一个角落，脸冲着门，霸气十足，俨然是老总的架势。

L规定，我们必须八点起来开始工作，刚开始L也带头，每天和他们一起起床，但他的习惯是，起来后先喝一个小时的茶，他说否则他不能进入工作状态。于是我在买早餐或者准备早餐，Y和H在电脑前开始干他们其实并不擅长的活儿时，L在楼下的小屋慢悠悠地喝茶。半个月后，L干脆连床也不早起了，每天10点钟才起，美其名曰前一天睡得太晚，可我们谁都知道他熬夜是在玩游戏，玩游戏的理由是在思考重要的问题。

那个时候的我，哪怕是觉得他稍欠妥当就会引起Y和H的不满，但也没有责怪他的意思，只是小心地提醒过L几次，却最终因为他骄傲的自尊心无法忍受作为下属的我对他来“指手画脚”，都不欢而散。最后，我也不再给他提任何意见，或者表达任何含蓄的提示。

我的积极性也被削弱了，他似乎只把自己当成了个领导，而没有当作团队的一员。

正式开工的一个月后，我在寒冬里每天挤地铁吹冷风找设计师和程序员有果；Y和H搜集了接近200款产品的信息，不过他们提出了质疑，无法找到其他一些品牌的产品信息，怎么办？因为有些品牌在网站上只是列出了一部分产品而已，并没有将全部产品列上去。

L说，找不到就想办法找！不要跟我说不可能！

大家虽然迷茫，却不得不继续。

一个半月后，我的商业策划书、品牌说明书、网站构建详细说明全都准备完毕；Y和H搜集了接近2000款产品的信息；他们又一次提出质疑，即使都找到了，我们也只能Copy他们的现有数据，根本不可能都买回来自己测评，怎么办？

L说，没有什么不可能的！我们找到投资，就有足够的资金！

继续。

只是我们都不再有那么多的笑容了。整个二楼，死气沉沉。

三个月后，我的网站构架基本搭建完成。而产品信息录入却仍然为零。

这一次，面对L的继续说“没有不可能”，H选择了失望地离开。

Y皱着眉头问我，小令你觉得咱们还有戏吗?

我不说话，可是我心里知道，不会有戏了。

L对H的离开表示了深切的谴责，说你这样不坚持做一件事情是非常不对的。

H摇摇头笑，不解释。走的时候，正是夕阳西下，他跨出院子的大铁门后，回头抱了抱我，说我先走了。他似乎还想说什么，但最终还是叹了口气什么都没说。

H走后，L对我们进行了长达两个小时的洗脑：H的这种不良行为，是很值得鄙视的。

于是我和Y迷迷糊糊地又觉得，是啊，这是我们最困难的时候，应该坚持，坚持下去说不定就对了。

可是，L仍然没有和我们一起坚持。

他仍然每天负责说着宏伟蓝图，指点着江山，指派着活儿，而自己对着电脑玩CS。

四个月后，项目宣告失败。

后来又过了半年，我也离开了那个院子。

中间又经历了几次L心血来潮地想要做这个做那个，而我，也放弃了自己的很多机会来帮助他，但最后都没有成。

究其原因，发现都是一样的。L只是天花乱坠地说，却把所有将理想变成现实的实际工作都交给了我们，最终因为他的懒惰和不负责任不了了之。

最后一次我筋疲力尽。我终于明白H临走前张口想说却最终没说出口的话其实是：“我们都跟错了人。”

跟错了人，就不该再抱有幻想。

这是我浪费了一年多的时间才最终明白的道理。

工作中或者创业时跟错了领导，简直就是一件比没钱没团队更致命的事情。

如果只知道说得美好，却不知道去做，千万别跟他干；

如果不把自己当作团队的一员去共同做事，而是把自己当成领导来分配任务，千万别跟他干；

如果起得比团队成员晚，休息得比团队成员多，千万别跟他干；

如果遇到团队有不满情绪，不是第一时间去检讨自己是不是有问题，而是去追问谁对他有意见，千万别跟他干；

如果遇到有团队成员的离开，不是表示肯定并且祝福，而是在其他团队成员面前将他的成绩全盘否定并加以责备，千万别跟他干；

……

他或许不需要很聪明，不需要很能说很会描绘宏伟蓝图，但他一定得踏实肯干说了就去实现；

他或许不需要质疑自己，但他一定会时刻观察着团队成员的心理情绪，来分析原因，鼓舞士气；

他或许不需要不眠不休，但他一定会起得比别人早睡得比别人晚，因为没有任何人比他更在乎这份事业；

他或许该拍板决定就果断拍板，但他一定会尊重大家的所长，听取大家的意见，不会包揽生杀大权；

他或许不用对离开的成员还报以热烈的欢送，但一定不会在其他成员面前中伤此人。

有太多太多的理由和线索，可以让你在一瞬间幡然醒悟，哦，我跟错了人。

跟错了人，就别再心存幻想。

这个人，不可能因为跟你一起工作或者创业，就改变了这些长久以来累积的习性。

对于他，不过是多了一件没做成的事情，反正他也没花多大力气；而对于你，你花费了时间、精力、物力甚至财力在这之中，最终落空，带来的不止是一星半点儿的失落。

而这失落，是与这件事情所耗费的时间、精力、物力和财力成正比的。

所以，当你意识到了你跟错人的时候，千万别再怀抱希望，心存幻想。哪怕这个事情再有前景再有未来，有这样一个领导，同样是个死。

鞋合不合适其实穿上去没多久就能感觉得到。再好看的鞋，也别等到磨破了皮、出了血才忍着脚痛扔掉，毕竟那个时候你已经损失了皮肉；穿上去觉得不舒服不对劲时就该忍着心痛脱下来。

找志同道合的领导人，跟穿鞋子一样样的。

总会有人，难过着你的苦难

第一次和Y认识是在一次野外生存训练中，一礼拜一起睡草地喂蚊子、吃生肉摘果子的野人生活，使我们成为很好的“兄弟”。

后来他被L从武汉叫到北京做户外网站的那四个月里，我们几乎又是朝夕相处。

这个身高1.80米以上、体重180斤的又黑又壮的家伙，走起路来虎虎生威，说起话来粗着嗓子，带着他出门看电影吃饭总得担心人家以为我带人打劫吃霸王餐。

我们一起在北京的那段日子，是北京最冷的冬天。

那个北京五环外小村庄的院子里，不通暖气，只能自己拉煤来烧锅炉。每天，我们都得在室内裹得里三层外三层像个熊一样，才不至于搓手跺脚畏畏缩缩。

大概是两个月后的一天，Y突然有一天没有上楼。

我去楼下的宿舍里找他，发现他居然在哭。

你能想象吗？一个身高1.80米的壮汉！一个人默默地坐在床上流眼泪！

这是我第一次看见他哭，被吓得不轻。

我以为是他家里出了什么事，赶忙蹲下身去问，他摇头。

我说那你这是怎么了，是不是觉得没希望了，还是L骂你了？

他又摇摇头，说："没事，你快出去，我一会儿就上来。"

过了大概20分钟，他上楼了，端着刚泡的咖啡，递给我。

我诧异地看了他一眼，心想这小子是怎么了？

可有其他人在，也不好多问，怕拂了他的面子。

之后的那一阵，Y一反前一阵子由于工作上L的懒惰而带来的颓唐与消极，红了眼似的没日没夜地搜集数据，整理表格，连吃饭时间爱玩儿的游戏也都一次没再打开过。

我心里默默地想着，这孩子一定是受了什么刺激，或者受到了家里的压力，但一直没有找到合适的机会好好跟他聊聊，慢慢地也就忘了这件事。

第四个月的时候，项目果不其然地因为L的不作为而失败了，H一个月前已经离开，这回Y也准备离开。

临走前一天晚上，平时大大咧咧的他找我喝酒。

他一点儿都不能喝酒，一杯开始掏心掏肺，两杯就倒。

他说："小令，其实我跟Y一样，早就知道没希望了，L这样，这事儿肯定成不了。"

我诧异地看着他："那你怎么一直没说呢？干吗留这么久？不好意思跟

他说？”

他摇头，说：“我们是为了你坚持了那么久的。”

我更加瞪大了眼睛。

“你还记得那天我哭吗？”

我点头，说怎么可能忘记！

“那天你不太舒服，所以没那么早起来给我们做早饭，我就想着替你去做。我从来没进过厨房，第一次进去，发现那里面没有暖气，跟冰窖一样，砧板和碗上面全都结了冰。水管子冻了一晚上，冻得严严实实一点儿水都出不来。我当时就难受得不行了。

“我想到你每天一大早起来，得从卫生间端几大盆热水把冻住的水管化开，等化开后用这水管里冰凉的冷水来洗菜，给我们做早饭，午饭，晚饭。我想着想着就哭了。

“H那天又跟我说L不靠谱他要走，我跟他说，为了小令，我们也得坚持下去。

“后来的每一天，我都是看着你满手的冻疮一直坚持到现在，我觉得你能为他，为我们付出这么多，我就该陪你到最后。”

Y说完，眼眶湿润着喝下一大杯酒。

而我，也忍不住流下了眼泪。

本没有觉得的委屈突然翻涌而上，却也终于释怀。

委屈这四个月所有努力和苦难的付诸东流，释怀这些努力和苦难有人懂得，有人看到，有人为了我而坚持。

虽然从来没有希望他人看到我的辛苦，但是当真的有人看到并替我难过时，那种心情如同一个小孩子被丢在荒山野岭一夜终于被人找到时的委屈。

后来我跟L分开了，原因是在我累死累活每天七点起床挤地铁、半夜两点回家，只是为了支付昂贵的房租、两条狗和两个人生活费的那段时间，他却跟别的女孩子去拜佛请愿吃饭品酒，还打着单身的旗号睡在了无数温柔乡里。

于是我只带了一个箱子，离开了他。

那期间，我听到了无数关于我背叛，我精神不正常、我心理扭曲等各种版本的传言，令我哭笑不得，但我也没有去做任何解释。

前不久H和Y来看我，无意间说起后来L又想创业，也找过他们，但他们都拒绝了。

我问他们为什么呢？他们说："你对L有多好，有多真，放弃了多少，失去了多少，我们都是看在眼里的。他对一个为他牺牲和付出那么多，陪伴他那么久的爱人都可以这么残忍和毫无愧疚，这样的人，又怎么能指望他会对兄弟有多好？反正我们是不信。"

我在那一刻红了眼眶。

他俩有点慌张，连忙找纸巾递给我说："对不起，对不起，提起你的伤心事了。"

我摇摇头，想说"不是这样的，是你们把我感动坏了"，但却没说出来，忍了许久的眼泪，我咬着嘴唇只说了"谢谢"两个字。

我真的不痛恨辜负我的人，也不抱怨错误的过去，更不后悔曾经的失去或付出，因此也谈不上觉得曾经的自己有多苦，有多委屈；相反，我讨厌去提那些陈谷子烂芝麻听了就倒胃口的破事，也讨厌如怨妇般到处去哭诉自己遭遇的悲惨，受过的苦难。

可是我在听到他们的话时，内心是如当年面对Y说那句话时一模一样的委屈和释怀。

那是一种若被看到，被理解，哪怕狂风也觉拂面的释怀。

过去无数个日日夜夜使劲往肚子里咽的眼泪，仿佛就是等着这些人，这些话，刹那间全被勾出来，一次流个痛快。

于是这些付出，这些苦难，这些委屈，就真的不算什么了。

我在那一刻终于相信了，你看，总会有人看到了你的付出，总会有人难过着你受的苦难，总会有人心疼着你遭受的委屈。

我在认识梁先生以后的几个月，他对我说："我对你好，没有任何目的，不是为了让你跟我在一起。我是为了我自己。我不想让你再受那么多苦，因为看着你受苦，我心里很难过。"我从来没有用苦跟他形容过我以前的日子，相反都是些有趣、好玩儿、疯狂类的字眼。

可是就会有这样的人，从你过去所有的文字里去探寻蛛丝马迹，嗅出你过得好不好，心疼你所有受过的委屈。

我想即使不是梁先生，也会有Y，会有H，会有那些值得你珍惜的人，在某一个角落，难过着你所受的苦难。

这世上有太多的不安需要我们去担待，有太多的苦难需要我们去分担，有太多的委屈需要我们去承受。我承认，可能大部分的时候，我们真的只能担待，分担，承受，然后默默消化。

可我也不得不笑着承认，在这世界上，总会有人，把你的努力和付出看在眼里，把你受过的苦难和委屈放进心里，比你更开心你过得好，也比你更难过你过得不好。

我想这便是为什么我每一次就算知道可能是飞蛾扑火，可能是无人颂赞，自己也依旧会用力去付出，用心去对待所有人所有事的原因了。

这世上总会有人，难过着你所有的苦难。

用你的努力，去赚取你想要的人生

在跟L创业失败后，我进入了一个完全陌生的行业——网络游戏。

说是完全陌生也不对，毕竟在读中学的时候，自己也是个叱咤网游世界的女英雄，一度从校园里高高的围栏跳出去，跑到网吧里过把瘾，也一度偷玩家里的电脑被揍个半死。

但是做网游并不是我喜欢的。我很清楚。

当然也谈不上讨厌，毕竟它能赚钱。

我其实挺想找个比较高尚的理由来回答"你为什么会选择网游行业"，结果绞尽脑汁都编不出来。

首先，我的专业是管理和金融，虽然学得不怎么好，但是再怎么着也应该找个相关的工作才能最好地发发光，也算是不浪费这么多年读的书，是吧？

其次，我真是完全不懂这个行业。虽说不懂可以学，但是游戏是我一直以来觉得遥不可及没法学会的行业之一。这应该是属于无法理解的程序员、技术男做的事情不是吗？而像我这种大学考VB编程语言都是请了学软件的哥们儿通宵帮我补课死记硬背才蒙混过关的人，怎么能有幸进入如此超过我智商的领域呢？

几方面的原因加起来，导致我压根就没想过会从事这方面的工作。

进这行，真的是误打误撞。

因为一番自己后来觉得有点幼稚的言论，而在一次饭局上让一个游戏公司的老总，也就是我后来的BOSS记住了我，并且力邀我过去帮他。

这真的是一次莫名其妙地撞进别人地盘的举动。

而让我在撞进去以后，没有选择说声“抱歉”后退出来，而选择了进去坐下来加入的最最直接的原因，是它能让我赚到第一桶金。

我知道这很俗，但是对我来说这很现实。

因为我快要没钱了。

我大学几年辛辛苦苦攒下的15万块钱，已经都给了L买车，以及挥霍他的事业。

关于这段剧情实在太过狗血，就不再赘述。用一句话安慰自己就是谁年轻时没爱过几个渣男？尽管像我这样赔了全部家当的不多。

所以我没办法承受一份需要长时间资金来供养的高尚的前无古人的创业，我只能是进行一份不那么伟大却能够让我快一些积攒到资本做自己喜欢做的事情的创业。

所以我最终答应了BOSS。

我离开北京，怀抱着一年赚一百万的雄心壮志，到了一个南方城市。

我满心以为，到了那里以后，应该直接就给我一个比较高级的管理者职位，或者受到极大的重视。

但事实却是，BOSS的态度没有之前那么热情了。他在让我等了足足一小时之后，从会议室出来，给我安排了100多名员工当中空着的一个位子，并且对我说：“你先看看他们是怎么做工作的吧。”并让他们几个部门的负责人教我一些东西。

我有点尴尬，似乎我像是个新进来的小员工一样。而我周围坐着的，都是一些稚嫩的面孔，有的甚至是高中刚毕业。

可是转念一想便也不觉得过分了，毕竟我是一张白纸，或许这些人年纪比我小学历没我高，但人家在这行还真就是我的老师。

这一天过去，我发现其实工作并不像我以前想象得那么高科技，那么无法企及。相反，我看到最多的是，所有人都在玩儿游戏，无论男女。嗯，这一点倒很符合游戏公司的气场。

可是我还是觉得很茫然。因为我不知道我要做什么。

下班的时候，我去找BOSS。我是想去问他我什么时候可以像他说的那样负责一个平台一个地区。

我还没开口，他似乎就猜到我的意思了，他递给我厚厚的一本册子，封面写着《游戏运营平台手册》。他说：“你先回去钻研钻研，这里面分五个部门的活儿，你就一个部门一个部门地轮流待，都学会了，就可以自己带了。你别看着这些运营的东西不难，但其实非常有技术含量。这五个部门每天要做的事情，这些人都要学个大半年才能完全学会，而且还做得不好。你虽然是北大毕业的，但是没有两个月，也绝对不可能学会。”

我很不服气地回了一句：“那可不一定，说不定我半个月就学会了。”

BOSS像看赌气的小孩似的看着我笑了笑，说：“小令，我知道你聪明，不过别那么自信，我说你得两个月就肯定少不了。你要是少于两个月就做得比他们几个好，我就把最大那个平台交给你。”

估计他是不太了解我的性格，我是那种你说“哎呀，你肯定不行，你肯定做不到”，我就非得证明给你看我可以做到的倔脾气。

于是我的倔脾气就真的上来了。

我还偏得让你看看，我半个月就能学会！

接下来的半个月，我真的是连一分钟都不敢耽误。我一反常态，到一个自己没到过的地方，居然没有去找一找这座城市最有名的小吃，居然没去逛逛这座城市的秀美园林和名胜古迹，更重要的是，居然没有刷微博，刷朋友圈！每天一睁眼就往公司跑，跟在那几个部门负责人后面问他们我不会的东西，死皮赖脸地让他们给我演示一遍，然后我再自己跟着做几遍，一开始也总是洋相百出，周围人偷偷的笑声我全当没听到，大家异样的眼神我也全当没看到，就真的只是一心都在想着为什么，怎么弄。下午六点下班，一般大家都很自觉地加班到八点，可我每天到十点才离开，回到酒店后继续啃那本砖头一样的《运营手册》，把前一天没看懂的结合今天实际操作的，全部领悟一遍直到搞明白以后，才继续看下一个环节。

那段日子，总让我隐隐觉得自己又经历了一次高考前每天头悬梁、锥刺股，埋怨时间不够用、指责自己曾经不够努力的日子。一分一秒都不敢耽搁、不敢松懈。

有天我妈给我打电话，我说我没时间，不跟你说了，挂了哈。她说你那么要面子干吗？就算半个月学不会也正常啊，也不丢人。

我反问她，难道努力去做一件别人笃定你做不到的事情，就是争强好胜、就是死要面子？

我再清楚不过，自己真的不是为了要面子。

事实上，在这个大多数人推崇聪明人，羡慕着那些不用功不努力却总能取得好成绩好业绩的人的年代，我的没日没夜的努力，并不是一件很有面子的事情，反而是件让人瞧不起的事情。笨鸟先飞，在那里使劲扑腾翅膀想要高飞的鸟，自然聪明不到哪儿去。

我要的是我想要的未来。

我知道我的努力程度，决定着我被接纳进这个行业，成为这个行业的核心力量的速度；

我成为这个行业核心力量的速度，决定着我在这个领域赚到我第一桶金的深度与速度；

我赚到第一桶金的深度与速度，决定着我用它们来创造我喜欢的事业的强度和速度；

而我创造我喜欢的事业的强度与速度，决定着我未来的幸福度。

这便是我努力的原因。

半个月以后，我走进久违的BOSS办公室，告诉他，我已经准备好了，你可以给我个游戏让我试给你看。

他笑了，说不用试了，这是给你的平台，一星期前我就准备好了，你可以带走三个人，随便挑。

我很诧异，你还没有检查过，你怎么知道我有没有诳你？

他得意地笑了：“这半个月，虽然我没有出现在这个办公室，但是我已经看到了你的努力，包括你每天提交的测试文档和SEO文章，我都偷偷调出来看过，你的进步之快我都害怕，你快赶上我了。哈哈，真是后生可畏。”

最后，在我拿着那叠分平台资料走出办公室的时候，他说了一句话：“加油，**继续用你的努力，去赚取你想要的人生。**”

这句话让我一直感动到现在。

是的，有的时候，你只需在心中不时地描绘一下你想要的未来，然后埋头努力。

你的努力，一定会让你赚取到你想要的人生。

不要把时间浪费在『解释』这件事上

公司成立不久，因为一个手机游戏项目，我们跟兄弟公司（楼上的另一家游戏公司）进行了合作，他们提供技术，我们提供营销。于是那一阵子，我经常带着自己营销部的一个小姑娘去他们那儿开会。

这个项目组，对方有两个主要技术人员，都是四川大学软件系刚毕业的年轻小伙子。一个叫小林，模样更机灵讨喜，领悟事情也更快；另一个叫小钟，看上去严肃古板，反应也稍许慢些。大家都比较喜欢小林一些，因为他会说话。工作上也是小林更胜一筹。

对方的老总是个比我年长几岁的技术男，话不多，很严谨的一个人。几次开会，他都会发现一些问题，并且当场把资料摔在会议桌中间，也不多说，就四个字："怎么搞的？"

每当这时，机灵的小林都会很快地开始解释。解释会结合当时的场景情况和技术上的难度以及理解上的偏差，似乎听着也都合情合理。

而小钟，却是另一种态度，他会把那叠资料拿过来，沉默着认真地看一遍，然后继续沉默。

往往几分钟后，当小林还在继续眉飞色舞地解释为什么会出问题的时候，小钟会皱着眉头说："这个问题确实是疏漏，但是是可以解决的。"然后慢条斯理地提出修正方案。

几次下来，我对小钟的印象远远好过小林。

阶段技术问题解决后，我便很少见到他俩了。直到几个月后再去他们公司，是为了新的项目。我惊讶地发现，小钟已经成为了技术部的主管，而小林，还是继续待在原来的岗位，却没有那么多人喜欢他了。

回去的路上小姑娘问我："令姐，我以为小林才会当主管呢，他能力强很多，居然是小钟当了主管。"

我想了想说："我觉得现在他的能力应该不如小钟了。忙不迭解释的人往往止步不前。而那些不解释的人，他把这些时间用于找问题和提高自己，就会变得更强大。"

我曾经在实习的时候跟过一位前辈，也是因为项目上的一个小差错，领导大为光火。其实那个小差错并不是我们小组的问题，要推卸责任也是可以推卸掉的。当时，前辈沉默着一句话也没有说，在一边的我一方面觉得气急想解释，而无奈位卑连解释的资格也没有；另一方面也有点瞧不起前辈，觉得简直是太窝囊了连解释都不敢。

等回到办公室的时候我还是气冲冲的，初入职场的我年轻气盛，一点委屈都受不了。当前辈把原先的方案给我让我修改一下的时候，我很不情愿地接过来：“凭什么啊？又不是我们的问题！”

他摇摇头，叹口气。

于是这一摇头一叹气，我对前辈的窝囊印象加了个“更”字，觉得他连这么点事情都委曲求全，我跟着他也真是没什么前途了。

这个案子结束的时候，领导在总结会上表扬了我们小组，说上次其实并不是我们的问题，但是我们组让他感到骄傲，不仅没有推卸责任，而且还把不是自己的责任扛了下来，并且做得那么好，值得肯定。

那天晚上组里举行杀青庆功会，大家纷纷向前辈表示感谢。

我也很不好意思地跑去敬他酒。喝了几杯有点多，我就问他：“哥，你为什么当时不解释呢？其实就算我们解释了，一样可以修改得很好，但不用受那么多气。”

前辈喝一口酒，说道：“其实我没有不解释。解释有两种，一种是喋喋不休，一种是沉默不语。前者令人厌恶，后者令人敬畏。当你从喋喋不休的解释，进化到不再用语言去解释，基本上，你的未来便不会浪费在‘解释’这件事情上，你只会选择做给对方看。你的成绩就是最好的解释。”

一番话说得我如梦初醒。

原来他当时的摇头和叹气根本不是什么无奈和窝囊，而是完全无法跟当时的我解释，也不想过多解释。

从那以后，我慢慢地也从喋喋不休去解释，努力成为一个不去解释的人。

你解释一次，别人或许会听；可每次出了问题你都只知道解释，便令人生厌了；相反，你沉默一次，别人或许觉得你理亏你懦弱；可每次当你沉默后，把解释的时间用来解决问题，提升自己，下一次你的沉默便值得尊敬了。

说100句多余的废话，都抵不过你拿给别人看的成果来得有用。

所以，**不要浪费你的时间，在解释这件事上。**

别怀揣着负能量的小星球

公司第三个月的时候，因为一个游戏内测的时候没有检查某个细节，导致上线后的第一天出现一个Bug，公司的客服电话几乎被打爆。游戏上线的第一天是决定这款游戏后来运营效果的最重要因素，结果因为这个Bug，第一天带来的间接损失大概500多万元。

我在办公室暴跳如雷。当时第一反应是冲出去把所有人痛骂一顿。

走到门口闭上眼睛冷静了一会儿，回来在沙发上坐了十分钟。

十分钟后，我走出办公室的门，平时闹哄哄的外面，安静得出奇。

我穿过整个办公区，走到系统测试小组那排，心平气和地跟他们说了句:“把入口都关了，重新全部测一遍，这回都仔细一点。”

然后再穿过整个办公区，回到自己办公室。

办公区仍然很安静，但不同的是，我能感觉得到每个人从鼻子里轻轻呼出的那口气，和小心脏重重落地的声音。

过了一会儿，财务小姑娘小林拿着单子来让我签个字，从门口探个脑袋进来。我看见她，忍不住笑了笑："进来啊，躲那干吗？"

"老大，你真的不生气啊？我们都以为你会大发雷霆呢！"

"现在外面什么情况？"我没回答，反过来问她。

"大家都挺意外的，也挺感动的。尤其是万哥他们几个，现在都在拼命干活补救呢。"

"情绪怎么样？"我继续问。

"都挺好啊，都很开心，说老板真好。平时爱偷懒的几个也没偷懒。"我的专用"小间谍"如实汇报。

"那不就行了，我刚才要是发了脾气，现在肯定不是这样。你说是不是？"

小姑娘若有所思地点了点头。

当天晚上，内测小组就修复了Bug，并且优化了一些地方。宣传小组连夜发布了通知和更新了各项SEO的宣传。第二天一早正常开放后，玩家数量超过了平时任何一个新游戏开始公测的第一天的数量。小林这天给我送东西时说："老大，你真是太厉害了！"

我笑笑，硬生生地把翻涌上来的记忆和喉咙口的话吞了回去。

我想说的话其实是，不是我厉害，是因为我曾经吃过抱怨和责怪的苦头。

一直到四年前，我仍有个坏习惯，无论是工作上一起工作的同学、同事、下属出了差错，还是家人朋友把事情搞砸了，我的第一句话往往是："你怎么回事啊？"

其实有的时候并不是有多责怪，甚至不是责怪，只是惯性使然，表现出来，却成了怨气冲天。

可怕的是，我又是个忘性大的人，这样的“小”事一会儿就忘记了，以为该怎么样还是怎么样的关系。

可是别人没有。

有一次比赛，我又说了这句话，比赛中配合了好几次的好搭档，一个香港人，终于忍不了，一推电脑，把手上的文件往桌上一摔：“什么我怎么回事？你就只知道怪别人！难怪没男朋友！”

他很大声。我愣在了那里。

但是我愣住不是因为他大声，而是他说的话。

我想起了我高中到大学谈了三年的男朋友曾经在分手后一起见面吃饭聊天。聊起大学时光，大家倒都很诚实。

他说：“你还记得吗？大一的时候，我瞒着你坐一个多小时的公交车来看你，到你寝室门口想给你个惊喜，结果你出来第一句话竟然是：怎么回事？你怎么过来了？当时我心都凉了。你却还在埋怨我说怎么不事先告诉你，你安排好了今天要自习的计划被我打乱了。虽然后来你还是拉着我去吃饭看电影，但我那天真的很难过，可你都没意识到。”

“后来这样的事还有好多次，让我觉得好累啊，你似乎永远看不到我的好，却不断地抱怨。”他说了连分手时都没说的话。

我当时瞪大眼睛。难以置信。完全没有想到，我习惯性的埋怨，散发着我身上的负能量，原来这般伤人。

而我其实并没有真的去怪罪他或者埋怨他，虽然原先安排好的计划被打乱，的确会带来当时的一点纠结，但是，其实内心里还是无比开心着他跑来看我。可我却习惯性地把10%的不悦说出来，把90%的愉悦留给自己。

我把我的想法告诉了他，他很无奈地摇摇头："可是你表现出来的是抱怨，谁愿意跟你在一起呀。"

搭档看我在那儿呆呆半晌，估计以为我是被他最后一句话伤到了，于是尴尬地咳了一声缓解气氛，然后说："其实我不是那意思……只是，你也不要老是习惯性地抱怨和推卸责任好吗？改一改吧……不然真的挺气人的……"

我很不好意思地看他一眼。也亏得他，还会对我如此坦率地说出这番话。

恐怕很多人，早就因为我的抱怨，而已经把我列在了"负能量"和"讨厌之人"的名单上了吧？

我问他："我这样是不是很讨人厌？"

他犹豫着点了点头。

"可是我觉得我平时人缘挺好的啊……"

"那是因为你能力还不错，大家还愿意跟你一起做，起码会比较轻松。但我要是他们，宁愿累一点，也不想天天被你埋怨。"他很不客气。

我面红耳赤。

"你试试，在你想要埋怨别人的时候，先忍一忍想想自己有没有问题，或者把你爱说的那句'你怎么回事啊'改成'咦，怎么回事呢'，这样都会好一些。"

这句话我到现在都还记得。

从那次比赛的后半段起，我开始努力地克制自己。每次因为不理想感觉快要脱口而出抱怨之语时，我便赶紧换种说法：“咦，怎么会这样呢？我们好好想想。”

前几次，整个小组的人很惊讶我的变化。后来几次，大家越来越多地跟我说他们的想法，并且征询我的意见。

结果是，后面的任务，虽然比前一半更难更艰巨，却用了更少的时间，并且取得了更好的效果。

比赛结束小组聚餐时，同组的另一个女孩对我说了句话：“我好喜欢现在的你耶。”

我当时眼睛差点红了，抬起头，搭档在对面冲我会心一笑。

我终于明白，对于我这种心直口快容易焦虑暴躁的人来说，最好的办法，莫过于把“啊，你怎么回事”改成“咦，怎么回事呢”。

看似差不多，因为主语和语气不同，带来的改变却太大了。

前者代表的是埋怨和指责，而后者却是自责和自省。

前者带来的是他人的反感和不满，而后者带来的却是他人的尊敬与自律。

没有人会愿意和成天充满负能量只知道埋怨和抱怨的人在一起的。

也没有人会喜欢只知找别人错误却不知自省的人。

哪怕真的是别人的错误，一味地抱怨和指责，只会带来更多的负面能量和抵触情绪。

何不说一句：“怎么回事呢？我们好好想想。”这会让人内心感动。

你的宽容大度和自省谦逊，首先已经为你赢得了尊重。

所以，在后来的日子里，无论是遇到无比不顺的情况让我狂暴到想杀人，还是遇到对方有了多大的失误导致严重问题，我都不会有任何埋怨抱怨指责的话语流露。

每次话到嘴边，我都提醒自己："你别做让人讨厌和害怕的人。"

我宁愿安静一会儿，给自己一个让大家都舒服的解决问题的答案。

而这份答案，让我在工作中赢得了愿意为我努力付出的同伴们，在生活中赢得了无比体贴我关心我的朋友和伴侣。

把时间花在解决问题，而不是抱怨和指责上；

把时间花在感谢和感动，而不是抱怨和指责上；

把时间花在自省和进步，而不是抱怨和指责上。

将把你捆得牢牢的负能量小星球扔掉吧，远离让人讨厌的负能量，这样你将散发出闪闪发光的正能量。

一点点垒起来的财富

因为小学老师生病住院，我们这些很多年没聚过的同学们约好了去探望他，探望之后我们一起又去了一个高档的咖啡厅。

谈话的开始，是各种谁谁谁过得很风光，谁谁谁过得很落魄……有的炫耀着自己的名牌包，有的炫耀着自己家里新添的跑车，有的炫耀着自己老公的身家……我有点厌烦地缩在沙发里玩手机。

我出生的城市是个很奇怪的地方，很小的城镇，却拥有着很多的土豪，也弥漫着无处不在的攀比气息。

从小到大，我的同学家里基本都是做生意的，像我家这样的工薪阶层很少。在读大学之前，家里有没有钱对我来说压根没什么区别和影响，大家都还是得穿一样的校服，吃一样的食堂饭，上一样的课，顶多就是有钱人家的孩子有手机，有名牌的鞋子，有豪车接送，而我们就是吊儿郎当穿着妈妈从市场买来的三十元一双的运动鞋，骑着自行车上学放学，从一堆豪车之间呼啸而过，并感觉倍儿帅。

那是个成绩为王的年代啊，你家里再多钱，成绩不好都没用。

所以但凡家里人发表那些“别人家的孩子成绩多好多听话”的言论，基本都是围绕着别人家孩子成绩好，听话，考上北大清华诸如此类的，特别单纯，不沾名利。

可到了大学以后，一切都变了。

我仍然是个穷学生，当我还在为日后就业而惆怅迷茫时，我那些有钱的同学们，不是出国深造了，就是移民国外了，或是继承家业坐拥千万上亿资产了。

当我刚开始创业跟没钱的男人住在鸟不拉屎的北京五环外边村子的时候，我的老家同学们已经纷纷顺理成章成了金主或者嫁给了金主。

然后进入我耳朵里的话就全变了，从“×××的孩子成绩多好多听话”不约而同地变成了“×××的女儿多厉害啊，嫁了个特别有钱的老公，几百万聘礼，享清福”，“×××儿子多好啊，在国外工作了，还拿了绿卡”，“×××在国外买了房子，当外国人了啦”……

我完全可以理解这样一种攀比风气的存在，只是作为一个“失败者“，我往往保持沉默。

终于结束了一番八卦和互相攀比之后，话题转移到了老师生病的原因上——除去工作辛苦，最大的诱因竟然是婚姻的不幸福。

当年如花似玉的女老师如今成了面黄肌瘦的老阿姨，男同胞们唏嘘不已，几个同样如花似玉嫁入豪门的女同学竟然不约而同地惆怅失落起来。

其中一个叫作蕊的女孩更是抽泣起来。

她一哭，大伙都愣了。

她是我们班去年嫁得最风光的一个，几乎成了我们那个小城里女子嫁人的标杆。

记得她结婚那天，我的朋友圈被300桌五星级酒店婚宴、直升机接亲、100辆宾利和法拉利车队护航的照片刷屏。

从那以后，她成了很多不那么幸运的女生的嫉妒对象，也成了很多不那么有钱的男生的鄙视对象。

几个女生说："你哭什么呀！不是嫁得挺好的吗？老公给钱给别墅给车，还让你经常出国去玩儿。"

蕊擦擦眼泪，说"你们懂个屁啊！怎么办啊，我想离婚啊，当初就不喜欢他，因为他有钱我可以享清福，才咬咬牙嫁了，可现在每天看见他睡我旁边我都恶心。我想离婚，可我不敢啊。"

"为什么不敢啊，又没人阻止你，要真这么不喜欢，就离了呗！""大家纷纷表示。

"我离了婚可怎么过下去啊！我现在每天想买包就买包，想买鞋就买鞋，想买车就买车，累了就睡一天，不累就出去做个头发做个SPA，你说我要是离了婚，我就都没了……我得自己上班赚钱，可能只够交房租的，我想想都害怕……"

她这番话说完，大家都不知道该说什么，万一说得不对，就有可能成了幸灾乐祸。虽然吧，我很清楚一定有几个人，心里正在幸灾乐祸。

令人尴尬的沉默。突然间，另一个刚生完孩子的同学cherry感慨地说了一句："小令，还是你爽啊……之前还觉得你过得不好，现在想想你才是过得最好的一个。"

我一惊，抬头看cherry。她看着我，满眼后悔。

七八个女同学居然难得地有了共鸣，纷纷点头赞同。

第一次翻身农奴做主人，受宠若惊的我瞬间竟然不知道该怎么回应。

那些曾经让我很无地自容的风光朋友们反过来羡慕我，这变化也太快了，都来不及去深究到底发生了什么。

我想起了几年前发生的事情。

那是2012年年底，那段时间我过得很惨。大学几年的十几万积蓄都给了前男友，每个月的开销又很大，财务上捉襟见肘，每天在村子里的市场买菜都得盘算一下买猪肉划算还是鸡肉划算，在那跟菜市场大妈讨价还价，斤斤计较。

而不巧的是，那一年是结婚的大年，隔三差五就有朋友或同学结婚。结婚就得给份子钱，而自己实在给不出份子钱，所以也不是什么关系好的朋友就都以忙为理由拒绝了。

那天Cherry给我打电话，说她要结婚了让我去参加婚礼。电话里她以很自豪的口气跟我介绍她老公，说是我们那个地方有钱人家的少爷，聘礼是一辆法拉利和一栋别墅，200桌婚宴，迎亲车队打算100辆。

我一听有点吃惊，她竟然也会选择嫁给有钱人，并且还用如此骄傲的口吻跟我说这些，虽然很少联系，但我对她的印象还停留在小时候，一个乖巧懂事每天放学会帮家里干家务活的女孩。那个时候我们还总一起自嘲："穷人的孩子早当家。"

那一天接电话的时候，我正在挤公交，想想这么多年朋友不去实在不太好意思，无奈那几天兜里真的是交完房租只剩了几张票子，根本买不起往返机票，更给不起我们家乡巨额的份子钱（基本在1888元左右）。我想了想，鼓足勇气很不好意思地开口：“那个，那你可不可以先帮我买下来回的机票？算借的。”

她立刻很惊讶地叫了起来：“小令，你搞什么呀？你怎么混到这种地步啊？那么惨！你这是在干吗呀？作孽啊！你找的什么男人做的什么工作啊？我一直都觉得你蛮好的啊，怎么会搞得自己这么狼狈？”接下来她开始数落我男朋友的种种不好，以及她老公的好，并且表示不会借我钱，不然就是害我继续浪费在这男人身上。

这一连串高亢的机关枪，打得我一句话都没来得及说。

最终，我还是没去成她的婚礼。

不是因为嫉妒，而是因为自尊。

这是我记事以来第一次开口向朋友借钱，我心里期待，第一次千万不要以尴尬收场。

谁知道，结局比尴尬更尴尬，简直是伤自尊。

但我从那以后，印象中的她应该过得很不错，要什么有什么。

直到现在。

我回过神来，开始仔细想她那句“小令，还是你这样比较好啊”的“这样”，究竟是哪样。

一定不是指我的物质状态，因为我的物质状态哪怕在其他城市同龄人中间算还可以，但在她们面前也不过是身处贫下中农阶层。

那么就一定是在说我的生活状态了，我能让她们羡慕的，也不过就是她们所能看到的，我经常一个人满世界跑，我写书，我开公司，我自由自在，我做自己喜欢的事情。

我故作轻松地笑了笑，希望能缓和一下气氛。

“好什么呀，其实都一样，你们觉得我这样好，是因为我看上去自由些，但其实我生活的压力也大呀，天天还得被我妈唠叨。我还觉得你们好呢，无忧无虑。所以说啊，每个人都在羡慕其他人的生活，觉得自己的总是不完美。其实没多少人的生活是完美的。有了金钱，可能就得牺牲别的；看我，有了自由，就得牺牲金钱。哈哈。”

Cherry叹了口气说：“我觉得你这样比较好，是因为你一点点地在变好。而不是像我们这样，一下子过上了别人眼里的好生活，从此再也过不了真正的好生活。”

全场又陷入一番沉寂。

如果说刚才的沉寂是因为大家各自心怀鬼胎，想着如何缓和僵局，那么这次几乎所有人都陷在自己的思绪里了。

我突然就想明白了，她们为什么不快乐。

因为她们不敢改变生活的现状了，哪怕她们不喜欢。就像蕊说的，她现在不敢离婚了。

因为她没勇气回到以前的生活。

她睡惯了天鹅绒的床，不能再接受睡普通木板床；

她吃惯了山珍海味，不能再接受吃普通的粗茶淡饭；

她穿惯了名牌服装，习惯了出入高档商场眼睛不眨地买奢侈品，不能再接受穿着淘宝淘来的衣服赶着打折的季节去商场买那些促销商品；

她开惯了豪车，不能再接受出门挤公交车挤地铁……

人的物质生活，跟爬山一样，从下往上走容易，但从上往下走就难了。

一步步往上爬着的人，体验着慢慢上升的乐趣，也积攒着如何爬得更好更稳的经验；哪怕不小心从高处跌落，又滑到了下面，仍然有勇气再来一遍，因为知道自己能上来一次，就能上来第二次。

而那些毫不费力地得以登顶，根本没有经历过中间攀爬过程的人，也不奇怪他们没有重来一次的勇气。

那次聚会之后，我不止一次地庆幸，也不止一次在面对他人的一朝飞上枝头当凤凰时提醒自己：

一步步走过来的人生，才是踏实的；

一点点垒起来的财富，才是快乐的。

我们都曾在寒夜里走上归途

12月一直都是自己最喜欢的月份。这个月里有生日，也有新年。变了的一点是，我再也不会在生日或者跨年的时候许愿，因为生活从未因此变得轻松甚至不劳而获。

一年前的这个时候，是我最狼狈的时候。在异国他乡的我突然收到L的短信："对不起，我要去出家，普度众生，才是我这辈子的使命。我们分手吧。"

虽然早就对这段维系两年的充满着欺骗的感情失望透顶，可是乍一看到这闹剧般的短信，仍然是愣了半天。

把公司给他，自己净身出来只为实现别人眼里"可笑"的沙拉梦，在各个国家辗转学厨打工的我在那一刻反问自己，我是不是真的很可笑，连身边的人都留不住，还想着什么改变世界？

那天我在积雪的东京街头，裹紧了自己，使劲地傻笑，在漫天的烟花和人群的欢呼中，无声地笑着。然后拿出手机，很潇洒地回了两个字“好啊”。

他很快回复“照顾好自己”。

我在那一刻突然懂得，一段感情用“照顾好自己”来收尾，并不是他还在担心和心疼你，而是“太好了，居然没有撕扯”的松了一口气的解脱。

第二天，我照常第一个到达打工的餐厅，收拾昨晚新年夜狂欢的残局，微笑着跟所有人说hi。

这只是我2014年闹剧般的开始，而接下来整整一年所遇到的艰辛坎坷——鄙夷嘲笑，冷漠势利，赞美追捧，冷眼旁观，都是这场闹剧里跌宕起伏的剧情。

有背着一书包现金却被反悔的对方拒之门外的时候；

有被人信手打发避之不见从大楼出来时，狠狠地用脚踹向石柱，然后疼得顺势弯下腰抱住腿，流眼泪的时候；

有连日奔波拿着品牌说明书却不断地被质疑和鄙夷，被说你们连一家店都没有还想进我们商场的时候；

有拒绝一大票现金（可能是我这辈子都赚不到的钱）诱惑的时候；

有因没日没夜的装修而身心俱疲的时候；

有错过好机会后悔到想掐死自己的时候；

有被告知“出家”的EX早已结了婚买了别墅卖了我给他买的车换了辆新车，而欠我的十几万迟迟不还的时候；

有一个晚上喝酒喝到吐了五次，仍要笑脸求人继续喝的时候；

有被恶霸欺凌，无故要求赔付，到处求律师帮忙打官司的时候；

……

主角是同一个不懂江湖险恶的女子，凶狠的配角却不断更迭。

只是在朋友的眼里，在初次见面人的眼里，甚至在长辈的眼里，我永远是一个没心没肺，洒脱自信的人，于是这些跌宕起伏，波涛汹涌，他们全然不知。我的生活依旧被他们概括成简单的四个字：令人羡慕。

所有人看到的只是满世界玩的我，真的开起来了meal salad还开的不错的我，有个很爱很爱我的大叔的我，似乎总是想做些什么都可以做成的我。

我从来不去解释，笑着收下所有，把那些个几乎每天都在发生的，被人打掉一口牙还笑得一嘴血红的我，藏起来。

这一年里，和什么混蛋或者狗东西都能说再见，哪怕是再也不想见到的人。

但唯有和自己心里坚持着的小幻想，狠不下心说再见。

仿佛和别的人之间说了就说了，该见的哪怕再不想见也还是得见到。但只有和它之间，说了再见，就真的再也不见了。

有很多个瞬间，觉得哪怕再怎么自我激励都已经撑不下去，自己只能一边躲在角落里默默流眼泪，一边在微信上给大叔发“我快烦死了”。他安慰越多，我就发泄的越多。可是当看到他的回复“算了，别干了，你这样辛苦，我真的心疼。”时，前一刻还在噼噼啪啪的我都会安静下来，不再回复他。

有几次，在深夜从机场接他回家的路上，被恶霸欺负了一整天的我在车上一句话都不想说。他也只是默默地看着我，不说话。但总会在快到家门口时站定，转过身，一脸认真的看着我，说“要不真的别干了，好不好？回家，我养你。你去玩，爱去哪去哪。”然后我憋了一天的眼泪就掉下来，把头埋在他胸口，把他为了见我而买的新衣服弄脏。

但是就是不说那个“好啊”。

一觉过后，一个个撑不下去的时候，最终还是撑下去了。

有时候在想，如果没有大叔，没有他在我崩溃边缘让我收手，或许我也不会愈发明白自己有多舍不得放下自己在做的这个事。

似乎一个合格的总结总要写写这一年的成长和收获。

如果说开meal salad的一路，算是那个说干就干满腔热血的我最大的成长，大叔就真的是我最大的收获吧。

他出现在我环球拜师打工的倒数第二站——泰国，那是我真正告别“出家ex”的上段感情后一个月。相遇的故事似乎很多人都已经知道了。

有一个细节我没说，我要离开泰国的前一天晚上，因为想着去周末集市上买些东西，所以前一天答应的跟他们一群人去看拳赛的事情我就推脱了。

哪知道他很执着地给我发信息让我过去。我推脱说现在去来不及了快停止售票了，他说来吧来吧，我刚给你买好了票；我推脱说我很累了，他说来吧来吧，看拳赛能够让你放松……第四遍来吧来吧的时候，他说已经在门口了，等我过去，我告诉他我已经在夜市了。在说第六遍来吧来吧的时候，他和我发信息说到夜市来找我。

出于不能让他浪费这两张不便宜的门票的意愿，我坐了辆小车往拳场去，远远的看到他真的在门口着急地张望着。

其实最后我们还是没看多久的拳赛就走了，他主动提出的——陪我去夜市买东西。

路上，我们捡了彼此有生以来第一张大钞，屁颠屁颠地去买吃的。从那个时候起，两列本来都疾驰在自己轨道上的列车，有了共同停下过的十字路口。

在一起后，我问大叔，“你说这是不是你计划好的追我的桥段？你是不是那个时候就对我有意思了？那一百块钱是不是你丢在地上的？”

他很无辜地回答我，“没有，真的没有。只是觉得你也不容易，呆了那么多天都一直辛苦打工，要走了一起看一场嘛。”

我说，“你对我完全没意思，会这么坚持不懈地跟我说来吧来吧？”

他用一副很理所当然，又很无辜的表情回答，“对啊，我觉得既然自己想好了要做的事，为什么不多试一下呢？”

我想，从后来我们在一起到现在的这大半年来，那么多的艰难和琐碎争吵，那么多次我发脾气说“滚蛋，我自己一个人”，他也气得眼泪汪汪想要拎包走的时候，他应该也对自己说过无数次的“多试一次”吧。

每一次，他仍然是默默地站在不远处，等我气消，回来抱我。

而我，在这样一个从来不会轻易说放弃的人劝我放弃时，就更默默地在心里说，别放弃，别回头，别那么矫情动不动就撑不下去，让真心爱你的人难受。

他总是对我们的家人和朋友说，他很感激我为他做出的改变，因为看到我的改变，他才更加死心塌地的要守护我爱我。

可其实我才应该感激他，感激他为我所做的一切。

他是个绝对不允许有半点差错和意外出现的人，但是在一起后，我生活里每天都在上演着差错和意外，他一次次地包容，忍让，调整着他的习惯。

他是个除了工作和家人，就是游泳潜水的闷骚男，和我在一起后，他在游泳池里的来回距离，被每个星期往返几个城市的飞行里程所替代。

他是个在家人和朋友同事前都很严肃的人，但为了逗我开心，他去看各种各样的笑话，扭着屁股唱“你看我的长腿，骚不骚”。

你们能想象一个身高187的正经古板大叔说着笑话、扭着屁股的滑稽样子吗？

从未想过，这样两个如此骄傲如此独立的人，居然真的在一起了，并且过来了，而且愈发地珍惜对方。

我们愿意在那么多不堪面前，对对方说“没事呢，大不了不干了，还有我呢。”

是的，还有我呢。

还有希望和爱。

这一年，除了我微不足道的生活，世界也一点都不太平。2014年初，大叔去马来西亚的航班就是出事航班的前一班，听闻马航航班出事的他，第一件事情是跑到杭州来找我，然后对我说，我从来没有那么庆幸过。

之后的每一次行程，不论是我飞还是他飞，哪怕再晚，都会等到对方航班落地，收到第一时间的“我落地啦”，才会安心睡去。

有一次他的飞机因为气流盘旋多耽搁了20分钟，我紧张得不断地查看航班信息，不断地看着微博消息，生怕出现什么失事新闻的报道。

也许这是自己曾经鄙夷的患得患失，但是因为得到的艰辛，所以格外珍惜现在所拥有的，所以特别害怕失去。

一直都有人对我说，你干嘛不炒作一下自己，你长的不差，又有话题，随便一包装就能出名。现在出了名什么都好办，不出名勤勤恳恳一辈子都比不过人家。

可是我一直都不会，是真的不会。别人微博粉丝几十万几百万，我才几万。可能人家攒这几十万几百万的时间，还不到我攒几万的时间的一半。

有时候也感慨自己怎么这么笨，可是那又怎么样呢？我没成名，在追逐自己小梦想的路上都如此的艰难，那些年少成名的，承受的压力应该会比我多得多吧。

又或许，我生来就是个喜欢自己默默努力的人吧。

有的时候，大家在私信里问我，该怎么去规划自己的人生，怎么去寻找热爱的方向，怎么去过喜欢的生活？我常常默默看着屏幕，不知道怎么回。我真的觉得自己还没到可以规划别人的人生，教他们如何过好喜欢的生活的那个阶段。

现在的我，一样不知道我的未来会如何，我甚至不清楚我的明年会怎样。

我完全不能确定2015年会不会仍然和2014年一般以闹剧开场，闹剧结束，整一出轰轰烈烈没有中场休息的演出。

其实我们都是一样的，都在生活里扮演着已经开场就不能不好好演下去的角色。生活之所以那么多不公和令人难过的桥段，或许是因为自己没用心去演。

我们也都是一样的，散场后，在寒夜里走上归途，归途的尽头，就是爱和希望。

C H A P T E R 3

第 3 章
活着，就要选择对得起自己的最好活法

其实我们都是一样一样的，都在生活里扮演着已经开场就不能不好好演下去的角色。每个人都有最适合自己的脚本，最适合自己的台词，最能打动人的真实演绎。生活那么多不公和令人难过的桥段，或许是我们自己没用心去演好自己的角色。我们也都是一样一样的，电影散场后，寒夜里走在归途。而归途的尽头，就是爱和希望。

对自己好，世界才会对你好

我在2012年生过一场病。

那场病其实不算什么大病，相比以前受过的一些伤，似乎并不值得一提。只不过因为连续的熬夜全身浮肿，穿不进去衣服和鞋子，然后半夜胃肠痉挛进了几次急诊室。

可是那次之后，我却改变了我的很多工作和生活习惯。

我是个很贱的人，病好了忘了痛的那种贱。所以虽然让我改变的契机是生病，但是真正起作用的却是我当时在读医学博士的好朋友猴子。

我那个时候还很沾沾自喜地发朋友圈，一张自己肿得跟馒头一样的脚的照片，然后发着“好可爱的脚啊”，“我真是女汉子啊，这样还在工作”之类自嘲的话。

十分钟后猴子就打来电话，上来就凶神恶煞地说：“王令凯”，你个白痴，明天赶紧给我看医生。”

“哎呀，不行，我还有好多活儿没干完呢，明天好多事情要忙。我没事啦，过几天就好了，不用去医院。安啦，安啦。”我用老一套敷衍关心我的朋友。

按照往常，好脾气的猴子一定是叹口气，然后交代一大堆注意事项，最后说早点睡，然后就完事了。这次却格外的反常，他很大声地在电话里吼：“你每天都说自己忙忙忙，你知道自己身体出了什么状况吗？你知道自己存在什么隐患吗？你多久没吃一顿正经的饭了？你有关心过自己吗？你对得起关心你的人吗？你死了你就开心了？你就成功了？你的工作做得再好，赚再多钱，死了有个屁用！”

我在电话这头被他轰得完全没了反应。说实话，这是我跟猴子认识这么多年来，他第二次冲我发火。第一次是高中时我因为失恋跑雪地里躺着。

猴子继续说，口气软了：“我拜托你关心关心自己的身体，不要让我们担心。你再优秀也不过是个丫头，能不能不要拿命去换一些功名利禄？你还能透支多少自己的青春啊？”

我支吾着：“嗯……我知道……”

“你知道个屁……你自己想想，你每天有多少时间是来陪自己，陪你妈妈？你多久没跟我们聚会了？每一次你都在忙。你到底有多忙？比国家主席总裁董事还忙？你到底有多少时间是留给自己、留给家人、留给朋友的？你有没有想过，你真的要这样对自己对我们关心你的人不负责？……”猴子的声音开始低下来，我隐约地能猜到他在那头的难过。

我眼睛也红了。确实，长久以来，我的躯壳一直在高速运转着，打仗一般高度紧张，不敢松懈，披着梦想和完美的盔甲一路披荆斩棘，不曾检查过盔甲是否早已伤痕累累年久失修。对待谁都周全，做任何事都缜密，可唯独对自己不上心，好像自己的身体是免费的，不值钱，随便用。

哪知道，我不心疼，但朋友和家人看着都心疼，都看得出来那盔甲早已斑驳。

我开始回想这几年来，自己为什么一直在透支体力。

真的是因为自己太忙吗？

我惭愧地发现好像不是。很多体力根本无须透支。

大多数时候，就是因为抱着还有体力可以透支的侥幸心理，于是拖沓无比。

工作白天干不完没事，可以熬夜干嘛，夜里还有七八个小时呢；

不吃饭没事，可以多点时间干活，叫个外卖就可以了；

睡了几个小时就起早没事，喝两杯咖啡就精神了；

书稿还有一个月了，可才写了没几个字没事，最后一个月通宵达旦就行……

我就是这样不断地跟自己的身体说“没事，没事”，直到它再也扛不住。

但事实上，明明白天抓紧就可以干完的活，非得要拖到晚上，其实晚上因为困，脑子一团混乱；

明明可以去吃顿健康的午餐晚餐，非得装着很用功在那儿啃汉堡，然后其实是在刷微博；

明明可以多睡一会儿就能很精神，却非得早起两个小时去弥补前一天欠下的活，但一整天又都浑浑噩噩；

明明可以提早安排完成工作，却因为信任自己的体力而再三拖沓，最后接近崩溃抓狂，身体更是频频报警。

从那次猴子的炮轰之后，我开始认真地对待自己的身体，慢慢调整自己的工作和生活方式。

能早上做完的，绝不拖到下午；

能白天做完的，绝不拖到晚上；

能今天做完的，绝不拖到明天；

能提前做完的，绝不赶着截止期。

能不熬夜就不熬夜，能按时吃饭就按时吃饭，能不吃垃圾食品就不吃，能不喝咖啡就不喝。

一有空闲时间就去让自己睡个美容觉，跟朋友去打个球，或者去吃顿馋了好久的甜食犒劳一下自己。时不时给家里人打个电话，跟朋友在微信上聊几句。

很快，我就发现工作一点没被耽误，反而更加顺利了，由于我的精神状态变好，团队的气氛也变得更轻松融洽了；而最重要的改变是，我自己的生活开始好起来了。

身体不再浮肿了，脸也重新恢复了线条；

肠胃不再出问题了，因为认真地吃早餐、午餐、晚餐、喝水，它再也没有在半夜折磨过我；

再没有因为临近截止期还有很多事没做完而抓狂，压力骤增、暴饮暴食了；

这些细微的改变导致的直接表现是，我变得心情格外的好，我的状态里不再有抱怨、抓狂、焦躁、病痛、疲倦，更多地感受到了生活的点滴美好而带来的快乐。从伙伴，到员工，到朋友，家人都感觉得到我的小太阳每天在爆棚。

于是我变得被更多人喜爱。

是呀，谁不愿意跟小太阳做朋友呢?

我终于明白了一个道理，你只有率先对自己好了，你才会看得到更多世界对你的好。世界才会对你好。

别同情对自己狠的人

大学毕业后，因为应酬和熬夜，体重一下子疯涨了十几斤。

好几次忍受不了自己胳膊和腿上突然多出来的几块肥肉，嚷嚷着减肥，可最终还是在滋滋流油的肉和深夜尤为诱人的甜点零食面前交了白旗。

几次未果后，开始对那些有毅力可以管得住自己嘴巴保持着姣好身材的女神们充满敬仰。

尤其是那些个一天只吃几口黄瓜的美女们，简直想想都叫人哆嗦。

于是乎，也只好加入那些减肥战场的投降者们“天啊，她怎么可以对自己这么狠”的阵营。

说这话的时候，回味一下，还真是情绪复杂。一方面有着无法企及的羡慕；另一方面也有着她们因为对自己太狠而无法享受到人生乐趣表示深切的同情。

想想她们，真是何必呢？人生在世一遭，为了美，为了瘦，为了更优秀，对自己那么狠，牺牲得太多了。

终于前阵子面对满橱子的紧身裤却一条也穿不进去的现状而崩溃，痛下决心减肥。尝试了13天的哥本哈根减肥法。

在开始前，看App上的评论说得要多可怕有多可怕，要多难熬有多难熬。朋友们听说我要减肥，也是一个个的“你又不胖，你这样刚刚好，对自己那么狠干吗呀”，虽然不能理解为何有早上空腹喝一杯黑咖啡这样挑战我养生尝试的行为，但还是咬着牙开始了。

以前每天都会因为嘴馋忍不住从早吃到晚，并且不断安慰自己，哎，你都已经吃了薯片了，今天已经破功了就算了吧，再吃点烤翅也无所谓了……

开始以后，却没有再去给自己找这样的借口。我不断提醒自己，我要是多吃口东西，我早上那一大杯苦得要死的黑咖啡就白喝了！之前几天的都白喝了！

于是13天很快地过去了，一点也不痛苦。体重虽然没下降多少，但整个人舒坦了不少。

期间有过多次各种各样叫我吃饭时的惊诧：“你干吗对自己那么狠？”可我每次听到，竟然是暗暗的窃喜。

对呀，我就是对自己这么狠，我看着自己一天天的变化，因为对自己狠而变得越来越好，越来越美，越来越有自信，干吗不对自己狠一点？

回想自己以前带着同情的眼光去看待那些对自己狠的人，真的是太傻了。

我们错误地以为：伴随着狠的，一定是痛苦与不快乐。

可事实上，那些对自己狠的人，常常是自信并快乐的。

仔细想想，“你干吗对自己那么狠”这句话似乎在成长过程中听过无数遍。

四处兼职打工的时候：“你有病啊，你干吗对自己那么狠？”

熬夜学习或工作的时候：“你拼命工作脑残啦！就算再拼命也成不了富婆，再说，最后还不是嫁人生孩子，围着孩子和灶台转？”

出门旅行一个月只花两千块钱，极尽所能折腾自己的时候：“女人，得对自己好一点，你看这折腾自己身体，把自己搞得那么苍老了以后谁还要你？”

毕业后每次回老家，总有看似好意的、熟识或不熟识的长辈、朋友指指点点：“这姑娘，也不知道对自己那么狠干吗，放着好好的办公室不坐，好老公不要，非得自己吃苦头！”

每每听到这样的话，我同样会觉得小窃喜和安慰。

因为起码我做成了别人眼里看来是很难做到的事情，所以他们才会觉得我对自己太狠了。

也不说别的，就说我出去旅行吧，我其实买得起机票，也住得起好地方，吃得起好东西，哪怕在我还只是个本科生的时候，我的奖学金和打工赚的钱就够我正常甚至以上的消费了。可是我曾在出门前问自己，我倒要看看你的极限是什么，你最少会花多少钱……

于是我徒步，搭车，吃住简陋，甚至为了省一两百块钱坐几十个小时的火车。

当我两个月后回来一算账，发现只用了三千块钱，那种连自己都被吓了一跳的满足感，真的值回对自己狠的票价。

精神世界里实现的自我突破带来的满足感，比用钞票换来的物质满足感更令人激动。

我有嫁得很好的朋友，但婚后很不开心。她其实过得很舒坦，起码跟我比起来简直是过于舒坦，每天可以睡到日上三竿，醒来阿姨已经做好饭菜，吃完可以继续回床上躺着看看电视剧，也可以出去做个指甲烫个头发再约着来个SPA。婚后小半年，皮肤倒是真的因为睡眠充足和保养充分变得水灵多了，但整个人却终日萎靡不振，偶尔发个信息也是央求着我是不是也给她找个事儿做，以便她能够像我一样这么忙碌充实。

她对自己很好，一点也不狠，可是也不见得快乐。

再举个例子，我曾经招过一个兼职的实习生。姑娘很漂亮，肤白胜雪，眼睛又大又亮，唯一缺陷就是鼻子不那么挺，对，只是不那么挺，完全跟塌沾不上边。

她周一、三、五在健身房行政处上班，周二、四来我这儿上班。有一天早上我看她黑眼圈很重便问是不是没休息好，她回答我说："是的，昨天摆摊生意不太好，所以就摆得晚了点。回去以后再看看英语就搞到一点多了，早上六点起来跑步，所以没睡够。"

我很诧异："你晚上还去摆摊？"

"是的，每天都去。对了令姐，你要是周末有人需要家教什么的，可以介绍我去啊，我教孩子不错的。"

我简直怀疑自己听错了，这么个看上去该找个优质老公过阔太太生活的漂亮妞儿，居然对自己这么狠？这是不是家里很缺钱没办法啊？

于是我小心翼翼地问她。谁知她回答我的竟然是她觉得每天就是闲不下来。越充实，她就越开心。她回答的时候我仔细看她表情，完全没有一点点疲惫或者无奈，语气轻松，神态怡然。

后来她因为要出国，想多一些精力学习英语，于是离开了我这儿。

再后来我见到她的时候，她竟然去隆了鼻子，变得更加美丽出挑了，伴随而来的是她更加爱笑了，浑身上下洋溢着自信的味道。

也许我们会说，她对自己那么狠干吗？不缺钱还那么辛苦，那么漂亮了还去整容。

也许我们会有合理的怀疑，她对自己这么狠，是在为钓一个金龟婿做准备。

我也不提倡整容，不建议通过改变外表来增加自信，可是，我现在却很能理解，这些对自己狠的举动，换来的往往是日后长久而巨大的快乐。

我始终觉得，人对于物质是会麻木的。中国富豪榜的女人们那么有钱了，500亿和1000亿对她们有区别吗？爱马仕包包还是稀奇的吗？我想她们一定感觉不到。那为什么她们还对自己那么狠呢？

以前我也说不出个所以然来，现在总算明白了，原因就是在那逼着自己对自己狠的过程中，不断“打怪升级”，能够给自己内心带来巨大的成就感和满足感。

这种内心成就感和满足感所带来的快乐，远远比金钱来得大得多，也持久得多。

所以，不要再满怀不解与同情地看着那些对自己狠的人了，至少我所见过的对自己狠的人们，尤其是女人们，都一个个扬着自信的头颅，过着自己甚为满意，并且快乐的日子。

若不读书，行万里路也不过是个邮差

我是整个公司里收快递最频繁的人。公司的一些小姑娘经常买些零食啊、衣服啊，男生经常买些电子产品，可我的快递每次不是来自当当就是京东，要么就是亚马逊。

终于有一次，负责收快递的行政小姑娘忍不住了，问我：“令姐，你怎么老买书啊？你有时间看书吗？你每天那么忙。”

是的，我的确没多少时间看书，但我每天都会用这很有限的时间来看书。

但我并不是一直以来就爱读书的人。相反，一直以来我都是个很不爱读书的人，读书的年头没时间读闲书，工作的时候就更别说了，每天早出晚归，回到家沾着枕头就能睡着，连上网的时间都没有，谁还有空去看书。

我妈经常念叨我：“你啊，就是看书少，我读中学时就把所有文学名著和当代作家的文学作品都读遍了。你都丢我们家的脸了。”我就很不服气地说：“读那么多乱七八糟的书干吗，读有用的书就好了。你看你数学不及格……”

于是我妈白我一眼就走了，剩我自个儿洋洋得意。

我那个时候，就是很刚愎自用地认为那些名著啊文学作品啊，不是一些虚构的无病呻吟就是一些造作的忧国忧民，看那些还不如抓紧时间学学乐器啦、学学轮滑啦、学学街舞啦来得炫酷，都是直接能拿得出手的特长爱好，不像读书，特长一栏上总不能写个“读书”吧？兴趣一栏上写个“读书”又活脱脱地告诉人家你是个书呆子。

俗话说：“读万卷书，不如行万里路。”

所以我以前总是无法理解，当我每次见到外公，哪怕是他最后在病床上的时光时，他都是戴着老花眼镜颤颤巍巍地在那看书；

我也总是对我的同学不以为然，在图书馆一泡就是一天，钻研那些我觉得是老古董的书籍；

我更是纳闷或者带着偏见，看待那些出来玩儿还装模作样地带着书看，或者明明开会出差还带本书在机场看的上司们。

当他们都在好好读万卷书的时候，我一直自以为是地行所谓的万里路。

可是当我开始走出我自己的小世界，走进外面那个大世界的时候，却越发现读万卷书的重要性。

不读书，哪怕行了万里路，也不过是个邮差。

我走的路不算少，可是走得越多，却越觉得以前走的路都白走了。

我以为我领悟了很多，可是某天猛然间从别人的口里才听明白，因为我的知识匮乏和无知，竟然错过和误解了那么多。

我以为除了专业知识以外的书本都不过是附庸风雅，可是当在一些面试，会议甚至是饭局中，其他人可以侃侃而谈中国文化、世界历史时事、政治经济变革、天文地理、科学道理等我却插不上话的时候，就很想找个地洞把自己埋下去。

这样的每一次尴尬之后我都深表懊悔，然后兴致勃勃地狂买一堆书，磨拳霍霍向文化。

钱花了不少，仍然没有什么实际行动。

忙的时候，累得一动都不想动，哪有什么力气再去翻书；

闲的时候，心想着好不容易可以休息一下了，得抓紧时间睡觉啊，抓紧跟朋友见一面啊，于是书又被搁置起来了。

所以不管是忙，还是闲，每次后悔与尴尬后成堆搬来的书，都安安静静地在书架上越摞越高。

我也懊恼地问过一位我很敬重的前辈，应该怎么样才能让我快速地提高文化素养呢？

他慢悠悠地抬头看我一眼，似乎不认识我似的上下打量我一番，然后又低下头去看书，说："如果你要找快速的方法，你不该问我，我用了50年。"

我吐吐舌头，说："那我为什么这么不爱看书读书呢？"

他又慢悠悠地说："因为你没体会过那种读完书觉得整个世界都变大了的感觉。"

我当时没太懂，因为我确实没体会过。

前年我去英国参加一个活动，回来的时候航班延误了。在伦敦机场等飞机的六个小时里，前两个小时都被我花在了刷微博上。手机快被我玩得没电的时候，我才抬起头来，开始百无聊赖地四处张望。我发现机场里的欧洲乘客大部分是一杯咖啡、一本书，或者一台笔记本，安静地阅读或工作。而我见到的低头专心玩手机或者iPad的，基本上是中国乘客，剩下的一部分茫然眼神迷离的，估计是如我这般手机或者看iPad没电了的人。而那些在各个免税店穿梭购物，大声谈笑的，一水儿的黄皮肤黑眼睛。

不知道为什么，那一刻，我突然为自己坐在这群欧洲人中间而感到局促不安。

我没资格去指责什么，我所能做的就是，找出每次旅行都会带着的，但是压在箱底的书。

在这种不得不让自己看上去有素质的情况下，我翻开了它。

不看不要紧，一看还真的看了整整4个小时，把300多页的一本书给看完了。这4个小时，我除了换了几下姿势，连手机都没看。间或抬头看航班信息的时候撞到其他埋头阅读的乘客同样抬起的目光，对我都是友好地一笑，安安静静的。其实候机楼还是不时有些聒噪，但眼里看到的都是安宁的景象。

而我之所以安静地看完了这本书，是我发现原来一本好书是足够把你带入到书中，让你一口气读完的。

它能云淡风轻不露痕迹地，让你除了感同身受，还有深深的释怀。

你会感同身受书中主人公遇到的苦难，因为你也遇到过；你会释怀原来这个世界上有这么多的人比我过得还惨。

你会感同身受那些曾经挠心挠肺后悔挣扎的日夜，你也会释怀这些日夜过去之后居然还是没有放弃……

我终于明白，真正的读书，会让你忘记周围的世界，与作者一起在另外一个世界里快乐、悲伤、愤怒、平和。它是一段段无可替代的完整的生命体验，不是那些碎片式的网络信息和夸张的视频剪切可以取代的。

那天看完以后，我在飞机上难得地没有睡着。

前阵子还失落失望失掉所有方向的我，突然又信心满满。

而我也终于明白前辈那句话："因为你没体会过那种读完书觉得整个世界都变大了的感觉。"

是啊，真的整个世界都变大了。

你看到了无数种其他的可能，除了在你身上发生的那种以外；

你看到了无数种生存的形态，除了你觉得对你不公的那种以外；

你看到了除你自己以外的那个大大的世界，那里有很多比你悲惨的人骄傲地为了生存而奔命，那里也有很多比你优秀的人执着地为了生活而努力。

你突然觉得你每天就活在自己那个小小的世界里，还自以为行了万里路，看了万千人，是多么地幼稚可笑。

那次回国之后，我开始督促自己每天晚上不管再累也得睡前看书，哪怕只是一页；每次遇到烦心的事情面对着电脑屏幕很想把电脑砸了的时候，我也会往沙发上一倒，拿本书来看。

之后，我惊喜地发现之前混乱无序的工作和生活又渐渐地步入了正轨。

每一次合上书，很奇怪，我都是满满的充实和自信，然后打了鸡血般地继续干活。

我算是明白了，因为读书的过程是个让你自己与书中的一切不断对照、不断惊觉、不断羞愧、不断悔悟的过程。一直以来无法安静下来读书，本身就是缺少那种让人独处而不寂寞、与另一个自己或是自己的灵魂对话的自信。于是离那个大大的世界越来越远。

当你愿意直面自己的糟糕时，其实已经宣告你即将自信。

你不过是需要一本书的时间，把这糟糕，一股脑儿地释放出来，狠狠抽醒，然后整理好，变回自信，放回心里。

越放越多，等到哪天出门，骄傲地告诉别人，我行了万里路，更读了万卷书。

你爱做的梦，走出去便不再是梦

2013年，东南亚，我的第N次旅行。

这一次旅行的初衷倒不是为了玩儿，仅仅是给自己找个喘气的假期，想想未来该怎么走。

因为在公司越来越上轨道的时候觉得很没成就感，而感情又屡遭欺骗倍感压抑，最终还是憋不住决定出去走走。

可是连我自己也没想到，就是这次出行，让我整个人生轨迹又转了个大弯，开上了另一条路。

在以温暖清新著称的城市里，我被一群当地男人恶意围住了去路。还愣着没反应过来的时候，一双大手把我拉出了混乱的人群。是一个高大又清瘦的新加坡男孩，不帅，但是眼睛清亮。

作为感谢，我还是请他在路边吃了顿米粉。自然而然地，我们在接下来的几天里成为旅伴。在那儿的最后一天，他说：“走，我带你去吃个不一样的！”

我以为他要带我吃什么正宗的泰式菜，没想到我们来到的是一家只卖沙拉的餐厅。

从前一直以为沙拉只是几片蔬菜、几样水果，顶多加点金枪鱼之类的，竟不知道沙拉还可以如此五花八门，而且还可以作为主食！看着那些从没见过的食材，我真的很土鳖地被惊艳到了。

他见我吃得这么开心，忍不住问：“中国没有这么好吃的沙拉吗？”我张了张嘴，很想说“有啊”，可脑海里想半天除了一些西餐厅会把沙拉当前菜，并且都很小份以外，让我能够如此喜欢的沙拉真的没有。我更没法告诉他我每天上班在外吃的很多都是地沟油，添加剂，防腐剂，下了农药的蔬菜、被催熟的水果、速冻的死肉……

沉默了一会，我还是颇有爱国主义情怀地抬头坚定地对他说：“现在没有，但是会有的。一年后你来中国的话，就能尝到。我会亲手为你做一道最好吃的沙拉。”

我想应该所有人都会把这个当做一句赌气的玩笑话，包括他在内。可对我来说并不是。说实话，当时在那个场景下，我的心情很复杂。有一点尴尬，但更多的是难过。

我不是个爱国主义情怀浓厚的人，甚至也常愤青地批判国内的制度和政策。但是当有人用那样带着自豪和轻蔑的口气（或许并无此意，但是在我听来是）跟我得瑟的时候，我的心里还是很难受的。

我为包括我在内的很多人，吃得比别的国家低了几个层次却还浑然不觉感到难过。

我就在那一刻，无比坚定地告诉自己，如果能改变一点点这样的现状，让哪怕只是一部分人能够吃上健康的食物，都会是件值得自己一辈子肯定自己的事。

于是，旅行回来，我决定开一家沙拉店。当我对家人和朋友宣布这个消息时，他们都说我疯了。一个虚无缥缈的约定？谁会记得？谁会当真？

我很淡定地回答所有人："我是认真的。"

我用半个月的时间转让了自己一手建立、运营得还不错的公司，放弃了稳步上升的事业，义无反顾地投入了一场全新的、陌生的"沙拉之旅"。

其实我本可以直接请一个西餐主厨或者国外的沙拉师，但我不想这么轻松。如果我自己还没有完全地了解和掌握沙拉的做法，我哪里有底气就这么直接开一家店？

于是，我花了八个月的时间，走了七个国家，去寻访最美味的沙拉，去学习最正宗的酱料。

从摩洛哥，到意大利、法国，再到美国、泰国、土耳其……这一连串高大上的国名，听起来像是一次次令人羡艳的浪漫旅行，却是我真挚满怀而又苦乐自知的拜师之路。

在摩洛哥，懂得了如何根据个人口味正确地选择与搭配沙拉食材；

在意大利，寻找最纯正的蛋黄酱秘方，最负盛名已退休的大厨邀请我去他的家里，拿出一直跟随他的古铜盆，悉心教我如何掌握腕力和角度，如何把握时间和力道，一遍遍地尝试做酱；

在几乎每个人都在以沙拉作为正餐的法国和美国，开始酝酿将主食沙拉带到国内；

而土耳其的油醋汁，则让我深深爱上了这种用橄榄油调出的优质滋味……

一路甄选着世界各地的食材、学习着酱料调配，尝试得越多，收获得越多，就越想分享，越是跃跃欲试！绕世界一圈，带着学到的沙拉调配技能和挑选的食材、酱料回国。

而接下来，我面对的是更接地气、更具实战气息的挑战——把店开起来。

从待了多年的北京来到上海，在这个完全陌生的城市里，我仅有的，是手上一张地图，肩上一个小包，以及……这双有勇气独自走世界的脚。

从店铺布局到装修风格，从材料采买到现场施工，从LOGO设计到招牌制作，有与各种人打交道的沟通难题，也有被欺骗、耍弄的惨痛教训，更有累、苦、委屈，家人的不安，朋友的不解……

从一间类似垃圾场的破旧屋子到如今，一砖一瓦，满满的汗水与喜悦。水泥活、木匠活、选颜色、刷墙、贴砖、组装桌椅沙发，这些男人干的活竟然也都开心地做着，虽然连续的熬夜让我病倒了，但是当店里的第一盏灯亮起来的时候，我仿佛是看到了自己的孩子。

八个月，236天，所有的一切，我竟然都走了过来，承受了下来。

到今天，尘埃落定。

这一路，辛酸自知，却甘之如饴。

我的愿望很简单，让越来越多的人爱上沙拉，爱上自然、健康的生活。

当然，我也期待着某一天，那个高大、清瘦，有如星星般璀璨的双目的男子，推开Meal Salad的玻璃门，走到我的面前，笑着对我说：“嗨，我来品尝你亲手做的沙拉了。”

我想告诉他，你看，我说到做到了。

其实你浪费了你以为节约的时间

在世界各地学厨的八个月恐怕是我这辈子都不会忘记的一段时光。

你可能觉得，哦，那肯定嘛，这么有趣又有意义的满世界玩，怎么可能会忘记？是的呢，那大半年的辗转里发生了很多很多事情，去了很多很多有故事的餐厅，尝到了很多很多美味的食物，认识了许许多多令我钦佩的人，也学到了很多很多东西。

可是最让我难忘的，却是我受到的几次责备或者质疑。

经历这几次责备或者质疑，我才知道我离我以为的优秀有多远。

如果你愿意听，我便一个个讲，这过程的难堪，恐怕你是想象不到的。

这一篇，是在摩洛哥。

我打工的餐厅，是个美国老头开的以brunch出名的西式简餐厅，因为种类丰富而且美味所以很出名，经常在早上十点开始到下午两点一直都处于疯狂的忙碌中。

我从到那的第一天起就处于陀螺转的状态下，一边送餐，一边马不停蹄地收盘子，一边还要接待客人帮忙点餐。晚上空闲一点了就进厨房学习做bruch。

到第四天的时候，我已经靠勤学勤问基本学会了所有的活儿，包括做热狗、做汉堡、做面、做肠、做咖啡、做热汤、做饮料、做沙拉，几乎所有的员工都对我学得快赞不绝口，说：“Ling你真是比介绍你过来的那个中国男孩棒多啦！”

应该是在第七天的中午，突然间来了一个中国旅游团，闹哄哄地点了一大堆单子，恰好那天有个厨师休假，于是乎我作为服务员中最懂厨房的人就被调进了厨房里做餐。

我当时手忙脚乱地做完汉堡凋咖啡，调完咖啡煎鸡蛋，煎完鸡蛋炸鱼排，炸完鱼排摆沙拉，一眼瞥见来厨房催单的老板，心里偷乐了一下，老板看见我这么全能一人顶三个，得多夸我呀！

果然，忙到下午终于忙完，正要喘口气吃点东西抚慰一下贴着后背的前胸，老板进来了，径直冲我走来！

我满心欢喜地想这是要当着大家的面表扬我吗？要把我正式调入后厨吗？

谁知道他一脸阴沉地指着桌面说，“Ling，你这是在打仗吗？”

我一回头，看见桌面上凌乱地散着各种食材的边角料，饮料残渣，脏抹布，没洗的厨具、炊具、咖啡壶，这里用“战场”来形容倒真的不为过。

可是我这不是还没来得及收拾吗！

我很委屈地解释：“我还没来得及收拾，那么多单子，我想着先把东西做好了再收拾，怕来不及出餐客人会催呢。”

我觉得这是很合情合理的理由，你又不是没看见我们刚才忙成那样子，还来责怪我？

结果，从我进来第一天起一直都很绅士的老板老头在听到我这句话后，抬高了声调大声说：“不要用忙来作为你没做好的借口！别人不忙吗？你看看大家的台面！”

我被他的大声吓得愣了一下，然后小心翼翼地四处张望。还真是，厨房里五个人，唯有我的那一小块区域乱得跟垃圾桶一样，别人的都是干干净净。

看到这个我还真是诧异了一下。

奇怪了，他们明明比我单子多得多的多，而且出单子比我快得多得多，怎么还有时间把台面收拾得干干净净？

刚才还昂着头颅一脸理直气壮的我，顿时收了气焰，瘪了下来。

老板继续大声说着：“你这样做出来的食物，怎么好意思拿给客人吃？你们中国人都是这样做事没有条理的吗？”

我低下了头。

厨师长Joshua过来打圆场，老板这才扭头走了，走到门口末了还不忘记回头补充一句，“如果再让我看见一次，你就给我走人！”

我在众目睽睽下很尴尬地站着，恨不得赶紧离开这个鬼地方。

Joshua是个胖胖的大叔，冲我笑笑说：“Ling，没事啊，别那么沮丧，慢慢来。”

我调整了一下情绪，小声地说：“对不起，我动作太慢了。我一定好好练。”

Joshua挥挥手让大家出去吃午饭，然后回过身跟我说：“我猜，不是动作慢的原因。这样吧，你给我操作一遍好吗？”

我紧张地点点头。

“现在请你为我做一份我的午饭，一份总汇三明治，一份鸡腿汉堡，一份牛油果沙拉，一杯咖啡。在十分钟内上齐。”

我一听虽然心里很想骂，你是猪啊，一个人吃这么多，但还是冷静了片刻想了一下先后顺序，好在10分钟绰绰有余。

接下来的过程真是不好意思写出来……

我先从冰箱里拿出装着半成品鸡腿的保鲜盒，拿出鸡腿丢进烤箱，然后立马奔向咖啡机，磨完豆子做完咖啡，打了奶泡再倒进去简单拉了个花，马上送到了出餐口；

然后我拿出生菜和几种蔬菜，切好了的胡萝卜丝和黄瓜片，开始做沙拉，最后摆盘，拿起酱汁壶在上面一淋，送到出餐口。剩下的一些抓多了的蔬菜，一看过去了三分半钟，没来得及放回原处，赶紧接着做下一个。

我一看鸡腿还得一分半钟才能拿出来，就先拿出三明治的面包切两半，然后热锅，倒下油，磕了个鸡蛋进去煎，看差不多了以后拿出来，继续把培根肉丢进锅里面，等到我刚想捞出来往三明治里放的时候，烤箱的定时闹钟响了，我赶紧把鸡蛋和培根肉往砧板上一放，先去拿出鸡腿。

拿鸡腿的过程中着急找盘子，不小心碰到了沙拉酱汁的壶，眼看着酱汁要淋到三明治面包上了，一声惊呼后把鸡腿往砧板上一放，先去扶了壶。

谢天谢地总算没倒。想着还是先把肉和鸡蛋放进面包里吧，却郁闷地发现，肉、鸡蛋以及面包片都已经被刚才做沙拉时剩下的蔬菜西红柿片沁出的水分给浸湿了，样子软塌塌的一点不好看。

一看表，还剩4分钟。要不就先把汉堡做了吧，我拿起剩下的生菜和鸡腿加进了汉堡里面，抹了层酱，插上竖签子，忙不迭递到出餐口。

而当我重新把鸡蛋和培根准备好，在砧板上固定三明治时，烤鸡腿的油渍又沾到了三明治上。

此刻再重做已然来不及了，我只好拿纸巾抹掉那点油渍，然后很不好意思地端到出餐口。

此刻的我，懊恼无比。我怎么会紧张成这个样子，手忙脚乱的完全发挥失常，刚才明明没出错呢！

Joshua倒是一脸淡定地看着我说："你看一下你的操作台。"

我一看，上面七七八八散落着叶片、胡萝卜丝、牛油果的皮、三明治、鸡蛋、培根、酱汁、油渍，锅油乎乎地随手放在那里，咖啡杯旁边也是残留的咖啡。

"你对自己的表现满意吗？"

我摇摇头。

"你是觉得因为你要做的东西很多所以导致你出错吗？"

我继续摇摇头。

"你是个聪明的孩子，知道先做什么后做什么，而不是按照我说的顺序来做，这比很多人都好。但是，你却比他们做得慢。其实本来7分钟可以完成的，你却花了10分钟。因为你浪费了很多的时间，在你以为你节约了的时间上。"

我抬起头纳闷地看着他。

Joshua指着砧板上的菜对我说：“你以为你节约了时间，先不收起菜来等忙完了再收拾，可是它却为你后来的操作带来了麻烦。你以为你很聪明地可以同时兼顾好几件事，可其实往往一件都做不好。你为什么不把一件事有头有尾地做完再做下一件呢？如果我是你，我一定会在做完咖啡后把打奶泡的口擦拭干净，把用过的咖啡壶丢水池里，因为我知道我不立即擦干净，等奶渍干了就很难清洗，而杯子放在桌上很容易在操作时被碰洒。

我会在做完沙拉后就把用剩下的食材放进一个碗里，把砧板上的水擦干净，因为我知道不把砧板弄干净，就会弄脏三明治的面包。

我会把鸡腿汉堡做完后，再耐心地做三明治，因为我知道烤过的鸡腿若是随便放，便会弄脏很多地方，而三明治里的鸡蛋和培根放凉了就又不够美味……”

Joshua在那耐心地给我演示他会怎么操作，而我惊讶地发现，每一项操作完，他一定会把当时的台面立刻整理干净，再做下一件事。

我想我终于明白我和他们的差距在哪里了。

我以前总认为自己是个效率很高，而且能同时做很多件事情的人，还一度把这个贴上自己最与众不同的标签。

我总是在还没有完全做完一件事的时候，就开始做另一件事情，美其名曰在充分利用时间，到头来却发现两头都没顾上。

我总是一篇文章刚写到一半突然想到另一件事，然后丢掉写了一半的那篇再开一篇，最后发现上一篇无论如何都接不下去了。

我总是以我很忙，等会儿忙完了再收拾眼前的残局为理由不收拾面前的残局，然后当我准备收拾时看到一堆烂摊子后更加不想收拾。

……

于是我的生活和工作，经常会和我的操作台一样，乱糟糟令人暴躁，并且时不时地出现一些问题。

其实真的就像Joshua所说，我总是浪费了很多时间，在我以为节约了的时间上。

把手头的事完整做完，清清爽爽地开始做下一件事，才是真正的高效。

从那以后，我再没有让自己的工作台和房间乱过。

从那以后，我再也没有让自己还没写完这一篇文章的结尾就去写下一篇的开头。

从那以后，我再也不会以太忙了没休息过作为理由来解释自己的有头无尾。

我现在开店招聘厨房员工时，总是出乎他们意料地并不看重他的刀功，而是看他们是不是在操作时做完一道菜收拾干净台面后再继续做下一项。

梁先生问我是不是颠倒了主次？我说一个好厨师是一定不会把操作台弄脏的。

刀功不好，做菜不熟练，都是可以培养、可以训练的；

而习惯不好，则不是那么容易改好的。

事实上的确如此。

别总觉得能够同时做很多事情是件很有成就感的事情。

其实，养成个能把手头的事一件件做完做彻底的好习惯，比训练出能同时做很多事情的能力，要重要得多。

安东尼的流浪图书馆

昨天晚上睡不着觉，无聊地在微博上玩儿，说有问必答。

结果出乎意料地好几个人问我了同样的问题，“你会为未来做几年计划吗？”“你现在的日子，是你曾经预想的那样吗？”“有很多事情想做的，可是好迷茫，不知道该做哪个，怎样开始？”

……

我欢喜之余也担忧，欢喜的是，还好，还好，微博上也不是都那么悲观愤青嘛，还有那么多仍然怀抱着美好理想憧憬着美丽未来的少男少女。

担忧的是，你们会不会和我曾经一样，做了很多个美丽的梦，结果回过神来，还在原地。

“有梦想总是好的，万一哪天实现了呢？”马云说的这句话，从阿里巴巴上市那天起，几乎成了出镜率最高的一句话。幻想主义者们用这句话安慰着自己的天马行空，失败者们用这句话告慰着自己曾经的努力，正在起步的创业者们用这句话坚定着自己跌跌撞撞的步伐。

是的，有梦想当然是好的，没有梦想的人那叫背着躯壳走路的尸体。

可是，光有梦想哪行啊。

第三个学厨路上真实的故事。

我在墨西哥的时候，认识了一对老夫妇，他们在我住的青旅楼下开了个小卖部。破旧杂乱，没什么人去。我每天晚上下班回来都会进去买点吃的，帮衬一下他们的生意，同时也帮衬一下自己的肚子，然后与他们聊两句。

这老两口很喜欢跟我讲他们年轻时候的事。

他们年轻的时候最想做的是开个农场，开农场可以赚很多钱，等赚了钱就能买一部跑车去自驾，再买一栋海边的玻璃房子……

他们每天都会乐滋滋地跟我说得津津有味，跟真的一一实现了一般。

我在心里默默感慨，这老两口原来是人生大赢家啊！人家根本不需要你帮衬！完全不是看上去这么穷的！他们一定是把这些梦想挨个实现了个遍，然后觉得人生足矣，那就开个小卖部随便过过，跟陌生人每天唠唠嗑，度过晚年。

电视剧里不都这么演吗？没想到还真被我碰上了。

终于有一天，我还是忍不住好奇问了，我说："你们应该很有钱啊，为什么还要来开小卖部呢，应该去海边的房子住着安享晚年呀，或者去环游世界。"

他俩很惊讶地看着我："我们没有海边的房子呀，这些都是我们年轻时的梦想，不过现实跟理想总是有差距的。"老头冲我眨眨眼睛。

这回轮到我瞪大了眼睛……

为了不表现得太没有礼貌，我很小心地又问了一句：“是因为遇到了什么事了？所以一个都没实现吗？”

老头叹口气：“只是每天面对琐碎的生活都很烦，觉得过得很糟糕，没有一点动力。我们当时太穷，根本开不起农场，也不知道该怎么开始，只好每天想想美好的未来，才会觉得还有希望，才能够过下去。你看，这不是这么多年也过来了吗？”

我沉默地离开，回到青旅，在前台玩儿电脑的老板Antonio看我板着个脸，问我是不是今天工作不顺心。我提起了刚才的事情，说我心情好沉重呀。老板哈哈大笑，告诉我：“这老两口在这开了一辈子的小卖部了！他们永远都懒洋洋的，却每天想着农场啊、跑车啊，你不用为这样的人觉得心情沉重！他们是不懂得珍惜现在、抓紧现在的人，根本没资格谈未来。”

Antonio示意我坐沙发上，然后从里面走出来递给我罐啤酒。

他自己仰头先喝一口，发出满足的打嗝声，跟我说：“你知道吗？我三年前的理想是我要开一家青旅，有花有草有音乐，还有我最喜欢的游泳池，于是我疯狂地打工攒钱，你看，我去年开起来了！现在我希望在三年内能有一个自己的流浪图书馆，让所有墨西哥街头的流浪小孩即使买不起书，也可以免费看到世界各地的书。我还要召集一帮义工，可以教他们看书。所以我现在开始收集世界各地的书，包括旧书。”Antonio的声音不大，可是很有力量。

这是我第一次抬头认真地看这个留着一头长发的35岁男人。他个头不高，长得不帅，可是眼睛闪闪发亮，赛过天上的星星。

“Antonio，你好棒，你会有图书馆的。”我突然语塞，憋半天憋出这么句话。

Antonio又哈哈大笑了：“当然，我一定会有的，因为我不像他俩那样躺着做白日梦。你也可以的，Ling！从你第一天来告诉我你要做什么，我就觉得你一定会成功！你让我想起三年前的我！想象着美好未来，却为眼前而努力。”

他举起啤酒，冲我笑，我也举起啤酒，心里重复一遍：“是的，**想象着美好未来，却为眼前而努力**。”仰头而尽，然后咧开嘴笑。

这是2013年年初的事情了，到现在已经两年。我不知道Antonio的流浪少年图书馆建得怎么样了，但我还是坚信，总有一天，会有这么一座图书馆出现在墨西哥的街头，收容流浪的孩子，去实现这些孩子们的读书梦。

问我为什么对他这么有信心？因为他有着对美丽未来的美好憧憬，更有着对珍贵现在的无限珍惜。

老狼有一句歌词是怎么唱的来着？“一万个美丽的未来，抵不过一个温暖的现在。”

其实他的下一句更好：“**每一个现在，都是你曾经幻想的未来。**”

所以，**想象着美好未来，但请为眼前而努力吧。**

你的未来，才会成为下一个现在。

但行好事，莫问前程

其实我租下的第一家米有沙拉的铺面，是老居民楼下的住宅底商，破旧得不行。

而上一家是卖烟酒的杂货铺子，第一次进去的时候还没发现里面的情况，等到租下来以后才发现里间阴暗潮湿肮脏到不行，看了就想吐，一点也不夸张。

说实话，从那时候起，我就已经开始后悔自己仓促的选址了，觉得这么间啥也没有的破店面，给四十万转让费简直是亏大了。

但是都已经给了，后悔也来不及了。

于是我开始找能够“妙手回春”的室内设计装修公司。听朋友介绍找了个，收费低于市场价。我有点质疑地问我朋友这么便宜的价格，靠谱吗？会不会用的材料很差啊，或者油漆什么的不环保呀？

朋友笑着说，你放心啦，我介绍的绝对靠谱。你见着她就知道为什么了。

他这么一说，我倒是无比好奇，莫非是某个隐居世外的高人？只是为了做好事完全不为赚钱？无论如何也得见见了。

第一次见面约在中午11点，结果我准时到的时候，她已经早到了20分钟。

我很抱歉地说不好意思。这个年龄出乎我意料之外年轻的姑娘抬起头笑笑说没事，说她早点来，是因为听我说这是个老房子，所以想先过来看看房屋外部构架、承重能力、墙壁破损程度等，好为后来给我更实用的装修方案。

她叫青。

而她跟我说话的同时，一边正拿着随身带的卷尺在量一些具体尺寸，一边记录在本子上。

我刹那间有点相信了朋友所说的。

那顿饭的工夫，青基本没有多说什么废话，而是花了很长时间跟我沟通我喜欢什么样的风格。

几天后，她发给我三个版本的初稿，我挑了一个我觉得最满意的，说你回去后给我个报价。

第二天晚上很晚了，我差不多要睡的时候，青的电话来了，我以为这么大半夜打来电话是为了谈钱的事。结果一接电话，她在那头很惊喜地说："小令，我们又想到了一个更好的方案，可以完美地解决你之前顾虑到的问题，而且展现形式更好，空间利用率也更大！我发你邮箱了，你看看。"

我起来一看，确实比之前的版本都要好许多。

我第一反应是，看来价格又要上去了。于是我就问她，这么一改，是不是造价又得高点了？

她说：“不用！这个还比之前那个省一些呢！我把两份的造价明细发给你看看。”

其实我并没有指望会是多么低的价格，但是收到她的报价明细表的时候还是心里小错愕了一下，比我预期的要低很多。我不动声色地看完全部细则，然后约她第二天签合同。

在之后的一个月里，青几乎每天都给我打电话汇报方案进展，隔三差五会带我到建材城去选购我喜欢的材料，同时在我的预算和我的喜好之间寻找平衡点。

很多次我都觉得我简直是够了，怎么可以这么麻烦这么多要求，可青居然一直都没有怨言，每次都是很认真地听我说，然后在听取我的想法并努力去满足我的要求的同时，提出自己更合理的意见。

门头上有块五米长一米宽的地方，我是要用原木的材料做。青说原木的是好看，有质感，有档次，但这毕竟是临街店面，刮风下雨经不起折腾，容易腐烂，要不就用防腐木。

我一想也对，于是就听她的选了防腐木。这是我自己选的。

但是等到防腐木一到，师傅已经装了一半上去的时候，一看到效果，我竟然后悔了。我说：“这太丑了！不是我想要的！”

青竟然比我还平静。

她问我，那你想要什么？

我想想，觉得不好意思，说：“算了，我认账，我能忍受。”

她对我说：“别。这是你的心血。你的第一家店。别凑合。你不喜欢，没关系，我们改。”

我嫌麻烦。她说：“满意是最高标准，只要满意，不怕麻烦。”

她有一次问我：“你想要什么样的？”

我拿出几张很抽象的照片说：“我想要这样的。”

她眼前一亮，说：“这个真的很不错哎，我去找！”

最终，她花了三天的时间，真的找到了一个的办法可以处理防腐木的。

我很开心，没想到她比我更开心。

这回，就算我再老奸巨猾，我也忍不住问她：“青姐，你怎么就这么不嫌麻烦呢？你不想赚更多的钱吗？你这来来去去被我折腾，钱反而搭进去了不少，你也不生气？”

她用很认真的表情看着我，说：“我为什么要生气呀？跟你在一起我也学到了不少呢！我做店铺装修没有家装来得多，主要也是为提高自己。你的理念，你的想法，你的观点，都是在别的客户那儿没有接触到的！我学了很多全新的东西，感觉进步提高了很多，我高兴还来不及呢！”

我愣了一下，觉得是不是该夸夸她，可一时又说不出话来。仔细看她，虽然发型和穿着让她看上去仍然很年轻，但是脸上的皮肤不仅坑坑洼洼，而且粗糙暗沉，一看就是常年熬夜过度操劳导致的。

完工那天，说好请他们吃大餐，却因为还有很多沙发和桌椅要组装，最终只是在对面的火锅店随便吃了顿。喝了几杯后，青有点脸红了，抓着我胳膊跟我说，“小令啊，我现在没几个人，也没有大的办公室，但是我总觉得，既然选择了做这行，就一定要对得起自己的良心。我挺愧疚的，总觉得没帮你把这家店做成最好的样子，挺对不起。我是真的特别想把它做好。我拼命努力学习，但还是希望你能谅解我的能力不足。”

我就这么真真切切地被感动到了。借着火锅店腾腾的热气，仰头喝下酒，收回泪。

我也不明白自己也算商场小玲珑，人心虚伪见得多了，今天居然就被一番不知真假的话感动得这么狼狈。

可是我就是相信了她所说的是真的。

突然就明白了为什么朋友会这么斩钉截铁地把她介绍给我。

这个女孩，真的很棒。根本没有理由让人不推荐她，朋友说的不错："你见着她你就知道了。"

我很诚恳地对青说："青姐，我相信你未来会做得很大。你现在才30岁，是四个人小公司的小老板，未来，你会有大公司。你根本不用担心你负担不了，因为你进步的速度远远大于房价上涨的速度。"

她仰头把酒一口喝干，说："借你吉言！"

在我写这篇文章的时候，距离我装修店铺正好半年的时间，而青，仅仅半年的时间真的把公司搬进了市区很好的写字楼，公司员工也增到了十多个。

我一点也不奇怪，因为我最后对她说的那句话，根本不是客套或是敷衍。她单纯地努力、学习、吸收、进步，不看来路，不问归程，可往往就是这样，她比任何人都走得快。

把时间花在进步上，而不是计较得失上。

但行好事，莫问前程，或许这就是成功的门票吧。

C H A P T E R 4

第4章
尽兴，是拼搏的人生所能享有的独特权利

生活中没有一个决定就能改变一生的命运，在你认为对的路上阴云密布，黑暗笼罩，只要你坚持走下去，那片天光就会出现。光明总是眷顾那些能从黑暗绝路中走出来的人。或许你在决定的道路上走的异常艰辛，走的步履蹒跚，走的看不见天光，但相信我，不要去解释，笑着收下所有，把那些个几乎每天都在发生的，被人打掉一口牙还笑得一嘴血红的时候，藏起来。也不要和心里坚持着的小梦想说再见，因为真的，成功无非就是别低头，别回头。你忍住一切向前走的样子，会刻成一把刀，让你长成参天的模样。

你以为的绝路，走下去便是坦途

自从我决定开店以后，每天都会有很多人用无比担忧的语气来劝我：“你这决定太鲁莽了，万一失败了可怎么办？这可是影响了你的前途、你的一辈子啊。”

当然，不止这一次，每当我做一些让人觉得不符合常规的决定时，总会有一群平时其实并不怎么关心我的人突然跳出来满怀拯救我的正义感对我说：“你不能这么草率啊，要慎重，这个决定会影响你的一生。万一走错，就回不了头了！”

其实我很想反问：“回不了头？干吗要回头？”

不过显然，这只能换来对方“胡闹”、“不为将来考虑”，以及更多的关于我不成熟与幼稚的评价，所以我总是笑笑。

事实上，**我从来没有怀抱过必胜的念头去做一件事，从来没有为我过**

往的任何决定而后悔过，我也从未觉得一个决定足以改变你的一生，让你从此万劫不复。

是的，它可能会让你陷入一阵子的黑暗。

你蹲下来在黑暗中哭泣，不会有人像电影里一样拿着盏灯走近你如救世主般带你离开黑暗；

而你壮着胆子走下去，说不定就有天光。

我妈一直对我不跟她商量就放弃了去哈佛大学和剑桥大学的事耿耿于怀。每次提起，她都恨不得嘴巴喷火直接把我给喷死，"那可是哈佛啊！哈佛啊！哪怕是借钱也得去呀，你怎么能不跟我商量就自己瞎做决定呢。"

出国去很牛的学校，曾经是我在图书馆没日没夜学英语准备各种考试的一年里的终极目标，可是当它们对我抛出橄榄枝的时候，我却没有伸出我的手去接。

我没有多伟大，不是为了什么人生梦想人生追求放弃世界一流大学的召唤，不是为了学人家创业造出个微软而辍学，我所有的理由，仅仅是"没钱"。商学院高额的学费，家里窘迫的经济局面，让我毫不犹豫地选择了隐瞒这个消息。

那封写着"congratulation"的录取通知书，被我悄悄地塞进了箱子的最底下。而我，最终留在了国内。

如果不是有一次在抨击我对不起大家的期望的家庭批斗大会中，我弟弟再也忍不住大喊着："你们才是最对不起姐姐的人。"恐怕这个秘密永远不会被我妈知道。

在我妈和我知情的朋友看来，这简直是人生中最糟糕、最失败、最愚蠢的决定了！这个决定简直毁了我璀璨的人生！

如果我没做这么愚蠢的决定，说不定我现在已经在华尔街工作，拿着令人艳羡的高薪，住着豪华的别墅，有个大大的花园，嫁个英俊的老外，外加再抱个浓眉大眼、高鼻梁的混血宝宝。从他们的口里说出来，我简直就是走上人生巅峰的节奏。

其实，要说一点都没后悔过，那也是假的。

在快要熬不过去的悲伤时候，脑子里也会倏忽闪过那样的念头："如果当时出国了，是不是现在就是另一番模样？是不是就不用这么艰难、这么辛苦了？"

可转眼间又释怀了。

是的，生活的确会是另一番模样。可孰好孰坏，没经历过的人怎会明白？

我们总是在失意时想象着另一种美好的可能，却忘了当你选择这种可能，它或许也不再美好。

也许出了国，我得更加努力才能听懂那些深奥的课，读懂那些砖头般的书，才能赶上那些各国的精英；我得更加拼命才能赚回巨额的学费和生活费；我得承受更大的压力找更牛的工作拿更高的工资才配得上手里的文凭；我得更加谦卑、更加辛苦才能在这个陌生的环境中如鱼得水……

没有一种选择是完美的，没有一条路是好走的。

任何时候你感到无望，觉得后悔，唯一的办法是：鼓起勇气面对你现在的生活。继续走这条你已经不可能回头的路，一条必须大踏步往前走的路。

走着走着，你会欣喜地发现，那些你失去的东西，往往会以另一种面貌重新出现在你面前。

我这些年来做了很多人觉得疯子般的决定。比如高中不想高考自己跑去少林寺学武，比如地震第二天跑到灾区赈灾，比如突然放弃出国留学，比如一个人去了那么多鸟不拉屎的地方，比如北大毕业没找个大公司待着，比如好端端赚钱的公司不开了，做个小老板开一家不知道能不能维生的店。

可是如果不是不顾一切去学武，我不会发现原来传说中的少林寺竟然如此商业化，我不会失望至极乖乖地回来好好学习参加高考；如果不是去灾区赈灾，我不会有第一次的进藏经历，以至后来那么多次的旅途；如果不是放弃出国留学，我不会去了一个更加tough更加严格的学校，学到了很多让我终身受用的本领；如果不是放弃工作自己出来创业，我不会在短短半年中迅速成长，也不会今天坐在我温馨的店里，一边吃着沙拉一边写下这篇文字，可能还在写字楼里熬夜加班对着一堆数据表格分析建模。

孰好孰坏？你能说吗？

世界是公平的，它从你手中拿走的，哪怕你攥得再紧也不会留下，那或许本来就不是你的；

而你以为你失去的荣耀和骄傲，它或许只是换个样子，或者出去溜达一圈，晚一些再回到你这里。

所以，别以为有那么多决定可以重要到足够毁了你的一生，而让你不敢去下决心；

别以为你走了别人眼中不一样的路，就是条错的路，会让你万劫不复；

别以为你走了许久还看不到希望，那就真的如人所说没有前路；

不要绝望，那些你才走到一半就以为的绝路，你坚持走下去，便会是条不一样的坦途。

100%的努力和80%的努力

店里新来个男孩，我们叫他小胖，人很可爱，也很聪明，跟所有人都相处得很融洽，大家都很喜欢开他的玩笑，欺负他，他也从来不生气，一副“你们为什么都欺负我？好吧，我就是被欺负的命”的无辜表情。

唯一让我受不了的就是他的做事不上心。你交代他去做什么，他会很听话地去做，但是你不交代的，他一定不会主动去做。而那些你交代了的事，也一定只是做到完成的程度，绝对不会是做到完美的程度。

第一次、第二次、第三次，我都忍了。

抽一下动一下，虽然烦人，但人家好歹动了。在这个服务行业人才稀缺的扭曲社会，我应该知足才对。

可是到第四次我实在忍不了了，我觉得如果我不找他聊聊，就太不负责任太不像个称职的老大了。

我找小胖在我面前坐下，他一脸无辜的表情看着我。我开门见山地说："小胖啊，你现在还小，可以吊儿郎当地不上心，大家可以都拿你开玩笑当开心果，可你想一辈子都这样吗？"这该死的胖子，眨巴眨巴眼睛，傻乎乎地笑笑。

"那我问你个问题，你是不是觉得人家做得很用心做到100%，你随随便便就可以做到80%，其实没什么区别？"

他点点头。

"那你觉得日后开第二家店，我要委派个老店员过去当店长，是选你这个做了80%的，还是那个做了100%的？"

他小声说："肯定是100%的。"

"对呀。曾经我也和你抱有一样的想法，觉得差不多努力就行了，没必要拼命，拼命也不一定就有好结果。我那阵子在准备托福考试，天天去自习室报道。但其实是三天打渔，两天晒网。有时候在自习室困得不行就趴着睡一觉，醒来安慰自己说反正也没效率，还不如回宿舍好好睡，就这么心安理得地回了宿舍。我们班里有个很用功的男生，我们都叫他飞哥，他放弃保研本校的机会，一心要考金融专业里的Hermes（爱马仕）——清华大学。每天6点不到就去自习室，凌晨一点才回来。我实在是不能理解他明明可以找好的工作、明明可以保研，为什么非得这么拼命。他对我说的一句话，让我印象很深。他说：'你现在付出80%，别人付出100%，觉得没差多少；然后别人收获100%，你收获差不多。所以要么不做，要么就拼命做。'他那一番话简直是把我的吊儿郎当一掌给拍飞了，我发觉自己真的是太傻了。我付出80%的努力，以为差不了多少，其实却让自己整天都生活在不安和内疚中，不能随心所欲地睡觉或玩耍，还要怀着对未来的各种担忧，实际上是件很虚心又很愚蠢的事情。如若我最后考不好，一定是会责怪自己那没付出的20%。但如果我付出100%的努力，便能够踏踏实实地睡觉，因为我很明确我自己已经尽了全力，哪怕考不好，也无需自责或者遗憾。”

我说完看着小胖，“小胖，你那么聪明，能明白我说的意思吗？”

小胖点点头，“嗯。”

“那你现在还觉得付出的80%差不多吗？”

他摇摇头。

跟他聊完那天我就去外地出差了，几天后回来，店长忙不迭地找我汇报情况。他很神秘地跟我说：“令姐，小胖跟变了个人似的！也不知道是不是受到了爱情的滋润。”

我一听，想着应该是聊天起了作用，于是问他具体情况。

店长说：“以前早上过来了都得我催着说干活了他才开始干，不然就在那闲聊，现在居然早上到了自己开始忙着找活干；以前中午忙完了吃完饭就开始看动漫、玩手机、睡觉，到四点半都起不来，现在居然自己帮忙去洗碗，还一直泡在厨房里准备下午用的食材，或者研究些新东西；以前下班肯定是最积极的一个，现在都留到最后等全部确认没问题了才跟我们一起走。总之就是变化好大！大家都对他刮目相看了。”

我很开心地笑了，朝操作台里面的小胖看去。这死胖子正一边哼着歌，一边很认真地切着南瓜，手起刀落，干净利落，切完南瓜又开始煮芦笋。看了他很久，居然都没有一点偷懒的迹象。

我冲小胖喊了一声，让他过来。“听说你最近表现不错吗！”

“老板娘你怎么知道的？你不是不在吗？”

这个天真的孩子……

“我说过啊，你的努力一定会有人看见；拼命努力不一定有好的结果，但是不拼命努力，一定不会有什么好的结果。”

他很开心地笑了，“就像你之前跟我说的，努力去做了，觉得自己好牛啊，什么居然都能够做到你的标准，还做得挺好的，一点儿也不难嘛，以前都没这么要求过自己。觉得自己原来也挺厉害的。”

我揉揉他圆滚滚的脑袋，他不好意思地挠挠头。

我很开心这个聪明的孩子这么快就懂了努力100%和努力80%的差别在哪里。

对的，在于自己的感觉。

那100%的努力，不是给任何外人看的，而是给自己吃的一颗定心丸。

为的，是让自己觉得自己原来可以这么牛！

为的，是让自己在未来任何一种结局出现时都不会觉得遗憾。

一句“我已经尽力了”的无怨无悔，与一句“哎，如果我当时也……现在一定比他强”的悔不当初，你更愿意与哪个为伴呢？

我的选择是前者。

做个不那么好的好人

大家都回去了，只剩我自己。

外面下着暴雨。夏天的上海，让人烦闷。

我拉了把凳子，坐在店门口看着雨，忧心忡忡。

这几天情绪低落，整个人都不在状态上。

接二连三的遭遇让我不知道说什么，只能用“怎么会有这样的人”来形容我的复杂心情，我如同被连击了几下重拳般踉跄。

大多数时候的我都是精神满满或者说就是亢奋的，每每其他同行或者同学见到我都会用惊讶的语气跟我说“你怎么精神状态这么好？看上去一点也不累啊。”

但是仍然不可避免地会有一段时间的消沉。

比如最近这几天。

我好好地回想了一下，每当我消沉、甚至开始迷茫怀疑人生的时候，通常都不是因为我面对的事情有多棘手，而是我遇到的人令我有多心寒。

这个世界有很多的坏人。

这是我这两年不得不去承认的现实。

我曾经在书中提到过，大学毕业之前的我是个无比信任陌生人的人。很多人问我为什么旅行时敢相信第一次见面的人，尤其是司机啊、当地人啊、少数民族的人啊，等等。我的回答是我一直都相信的：“你的不信任一定能让别人感觉到，你的信任同样也是，而大多数人，不会愿意辜负你的这份信任。要相信这个世界上大多数人是好人，没有那么多人会来伤害你。”

这个道理我信奉了很多年，而很给面子的是，也没有什么坏人让我失望。

可是当我在城市生活时，不得不在一次次的打击中相信这条不成立。

很多例子：

上学的时候，可能是因为自己看上去太过无害，我很幸运地没遭遇到传说中商学院的明争暗斗。找实习工作时运气好，我成了成绩不是最好，却拿到最多终面的人。可是好几个我自认为终面表现很好的大公司，却没有给我录取通知。我郁闷地写邮件去询问是什么表现不够好，最后对方告诉我，面试对我都很满意，但是收到匿名邮件，里面内容完全否定了我的全部成绩、奖项，说这一切都是靠不良手段得来的。

当时我整个人愣在电脑前，一整天都没有回过神。

我开始相信，有些人，会为了自己的利益，不惜去伤害身边的人，哪怕是我认为很纯净的校园。

后来在公司实习的时候，因为自己比较能做PPT又做得比较炫酷，领导每次开会都让我总结，出去谈事也会带上我。尽管平日里我对所有人都是尊敬有加、谦逊有礼，工作考勤也都完成得很好，可最后员工考评的时候，所有女性员工不约而同地给了我不合格。

这一次我明白，这个世界有很多人，他们的嫉妒心可以杀了你所有的努力，也抹杀掉“公平”二字。

再后来是自己干，明明跟人谈好了的项目，甚至都签了合同，可仍是说消失就消失；明明答应了跟我们合作，可是隔了几天遇到了水平不如我们的外国人，又后悔跟我们合作了；明明……

这样的事情不止一次发生。多到你不会再轻易地去相信别人说的“没问题”、“我保证”，多到你都觉得自己再说“你明明”这三个字都很无知很幼稚。

哪有什么“没问题”，哪有什么白纸黑字，哪有什么理应如此?

很多时候，没有道理可讲，只有别人认为的合理可言。

这便是让我崩溃的残酷现实。

第一次被人耍得团团转的时候，我难过地掉眼泪，一边哭一边用力地踢向路边的石柱，然后跟个傻子似的痛得蹲下来揉自己的脚，眼泪于是更加汹涌。

第二次，第三次……

慢慢地，开始释怀了。

以前无法理解无法接受的事情，那些愤怒那些追问，都化作了很轻很轻以至听不到声音的一笑。

你凭什么要求别人不去谋求利益，必须和你一样按照常理办事?

我该怎么办?

这是当我最终认清现实后问自己的。

是变得和他们一样坏，还是更坏？

每当想到这，我的心情都很低落。

说实话，我不是个视金钱如粪土的人，我从小的理想是赚大钱；

说实话，我也想过，闭着眼睛、昧着良心，就不用辛辛苦苦却没人家赚得多，还要被各种耍；

说实话，我出现过譬如“我靠，你敢对我这样，信不信我比你更狠”这种念头。

可是，每次这样的想法一深入，胸就会非常的闷，牙齿也会不自觉地发酸，连说话时喜欢直视着对方的眼睛都闪烁不定。

逼着我不得不问自己：真的是这样吗？

我想着想着，突然就明白了答案。因为我发现我回想起的之前种种，竟然有的不再是愤怒、不甘和无助。在这一切过去以后，我竟然有的是庆幸和轻松。

我很庆幸自己当初没破罐子破摔，没利欲熏心，没被报复的念头吞没。

我不确定我自己做了坏人以后，是不是能比现在混得好，但我几乎能确定，我做了坏人以后，一定没有现在活得好。

OK，不做坏人，不硬碰硬地比谁更坏。这是我给自己的第一个答案了。

可是就这么被欺负、被耍弄，完全放弃维护自己应得的权益？

NO。这是我给自己的第二个答案。

我重重地呼口气，调整了一下低落的心情，掏出手机，给这几天折磨我的对方发信息。

这一次，我没再带有任何“你当时说的明明是”、“你当初答应的是”、“你怎么能反悔呢”这些任何带有埋怨、愤怒或不解的词句，而是很恳切地发了一封长信，表达了自己为对方考虑能理解对方的想法和动机，也表达了我的苦处、为难和希望。同时提出了一种既保护他的利益，又让我的受害减到最小的让步方案。

果不其然，有效。之前挂我电话再也不接甚至不回信息的他，这一次回了几个字：“好的，明天约时间面谈。”

冷静下来一分析，这些“坏人”，若不是穷凶极恶，那就是为了自己的利益。

好，那就别再妄想他们会牺牲自己的利益。

别再质问他们为什么要这样追求利益，别再质疑他们出尔反尔，别再去想着阻止他们追逐利益的脚步，我所能做的，是在尽量维持他们的利益的同时，争取自己的利益。

你得让他们觉得自己没受到任何利益上的损害，而你又是个处于弱势的可怜家伙，他们所做的无非就是顺手帮你一把。

于是，他开心地觉得自己高高在上毫发无损地当次救世主，而你也独善其身未被带坏地减小了自己受到的伤害，一定程度上保护了自己的权益。

或许你们有些人会说这是懦弱，这是屈从，这是让步，这是纵容坏人。

好吧，我认。

我只能懦弱，只能屈从，只能让步，只能纵容。

但这有效！

这个世界上有如此多的坏人，他们唯利是图，他们自私贪婪，他们妒

忌他人，他们不择手段；我改变不了。法律都尚且不能，何况是我这么个无名小卒。

独善其身，或许是我唯一能做的。

而在无法改变他们的同时，最大限度地去争取去保护自己的权益，或许是种最理想又现实的独善其身了。

我没法做坏人，那就让我做个不那么好的好人吧。

举手之劳，照亮他人的一天

“我发誓以后遇到发传单的一定接下来，看一眼。”

这是我们回到店里摊在沙发上时不约而同地说的第一句话。

有生以来第一次真正意义上的发传单。

经历了这一天，我开始为自己昨天以及之前遇到别人发传单时，都自认为有礼貌地摆摆手说“谢谢”的行为感到无比后悔，真的真的真的是无比后悔。

我恨不能现在他们再一次出现在我的面前，我一定接过单子，并且对他们报以微笑。

因为我终于明白，这发传单，有多难。

整个过程我现在只能用煎熬两个字来形容。

我是个蛮厚脸皮的人，以前在学校食堂门口帮自己社团发宣传单，因为往往是呼啦啦一群人，还能时不时地跟过往同学打个招呼、扯几句皮、讲几个笑话，同时还生拉硬拽的你不拿我单子就请我吃饭啥的，一点都没觉得是件难堪的事情。

因此当大家听说要早起去地铁站口发传单脸上流露出为难表情的时候，我本着以身作则的精神很大义凛然地说："就这么点小事都不敢！又没人认识你们。我去给你们示范看！"

事实证明我太瞧得起我自己了。

当早上八点钟我站在陆家嘴地铁站出口面对潮涌般的人群时，我整个人如同被闷棍打了一棒。

因为我发现当大家看到我手上拿着传单时，都会绕着走，尽管我穿得一点都不掉价，可是他们居然！绕！着！我！走！

你们可以摆摆手客气地说谢谢不要，我没不要脸到追着你硬塞给你。

可你们怎么能绕！着！我！走！

一张张如同见到街边肮脏的乞丐或疯子般略带厌恶和嫌弃的脸，在我眼前交织而过。

我知道我脸上可能没什么，但是心里尴尬难过得要命。尤其是还碰到两个店里常来的老顾客，他们惊讶地看到我想过来却被拥挤的人群挤到另一边只好招招手作罢，我恨不能挖个地洞钻进去。

就好像他们隔着人流在跟我说："你怎么会在这里？你怎么会做这么低级的事情？"

不知道为什么就突然有了一种自卑感！似乎我真的该被瞧不起一般的自卑感！

可我又突然有了一种气愤感！

你们凭什么绕着我躲着我？你们凭什么看不起我？就凭你们在陆家嘴上班，而我在陆家嘴发传单？

就凭你们手里拿着星巴克，耳朵里塞着iPhone5S的耳塞，身上穿着职业装？而我拿着传单，就该在这被你们用嫌弃和厌恶的眼神看？

我想到这就气打不过一处来，想甩手走人。

可我转念一想，我似乎一直以来也这样……

怕被他们拦住填问卷诸如此类的浪费时间，干脆离得远点；

怕拿了传单还得找地方扔嫌麻烦干脆别拿了；

怕我拿了传单，周围的其他人就觉得我是个很爱贪小便宜的人，觉得我不够有档次，就露出看不上的表情摆摆手说“不用了”“谢谢”。

我站在人流中，咬牙切齿地想扇自己一耳光。

你也没资格说别人……

你压根没给别人温暖和阳光，就只知道指责别人不给你温暖和阳光。

我回头一看，被我忽悠过来的几个员工在离我不远的地方，一个个很乖地在那不断地重复说着：“您好，健康美味的主食沙拉，我们可以提供免费外送。”

每一次被拒绝，他们眼神里的光就黯淡些许。

我在那一刻，那么真实地感觉到了心疼。

真的很心疼他们。

这帮涉世未深的孩子，内心该有多受伤？

他们怀抱着理想来到我身边，却不得不承受着鄙夷嫌弃的目光，他们会不会自卑？会不会觉得低人一等？

很煎熬而漫长的50分钟上班高峰期。支撑着我熬下来的，是偶尔冲我露出的笑脸，晒暖了拥挤而冰冷的地铁口。

回来的路上，平时爱说爱笑的他们一个个都沉默寡言。我心里暗暗地说，哪怕我就是不做外卖了，我也不舍得再让他们去接受如此残酷的目光洗礼了。

我说这话，不是在谴责今天拒绝接受我们传单的人的素质，我也曾是这些人中的一员。

我想很多人跟我一样，即使素质不算非常高，起码也不低。

很多时候不是真的看不起人，**有的时候可能只是为了自己的那一点点不想丢人的小面子，或者是不想惹上麻烦不管闲事的冷漠心态，于是拒绝了一份期待，也失掉了一份尊重。**

无论如何，从今以后，我一定会向冲我递来传单的人微笑，也会欣然接过传单。我会很尊重地看一眼，若真的是对我没有用的信息，也得转个弯在远一点的垃圾桶丢掉。

因为我知道，远远的背后，会有个人兴奋地对自己的同伴说：”你看，她拿了！她没有丢掉！“

举手之劳，却足以照亮一整天。

上一天班就辞职的人们，你们知道吗

昨天新来的收银小姑娘，今天一声不吭发条短信说不干了，太累了。于是熬了一通宵的我垂死梦中惊坐起，赶紧往店里奔。

这是我开业一个半月来遇到的第四个了。

这个小姑娘是前天面试的，面试时，穿着很高的高跟鞋，戴着明晃晃的耳环进来，走路晃晃悠悠。鉴于招人难，我权当没看见，反正也不是原则问题，就当孩子比较真实吧，面试时回答也还不错，笑容也挺甜，总而言之，都过得去。

于是我很爽快地答应了她的工资要求，并且提供住房补助。

昨天是试用第一天，频频出错，但我仍然赞美为主，指出问题要求改进为辅。

可能是昨天生意太忙，说好的八点下班推迟到了九点，小姑娘嫌累，就不来了。

我很想回复她短信的时候说些什么，但转念一想，又觉得没这个必要，只回复了个“好”字。

短信能说什么呢？劝她继续来？不，我不会再要她了。这样的年轻人，我也不敢要。

跟她谈什么是“责任”？要有责任，也不会如此了。

谈“喜欢”和“工作”的关系？——我不是稻盛和夫，我不想跟你说“与其找喜欢的工作，不如喜欢上手头的工作”这种话。

但我是真的很想告诉这些上一天两天就坚持不了说辞职的人们，你们失去的不止是一天。

同时失去的是对自己的一份交代，失去的是将来或许会获得的无尽可能。

前两天看过一篇文章，题目应该是“公司里最傻的员工，从前台做到经理”。写的是一女孩，高职毕业之后，在本科生云集、研究生成群的大公司从前台接待做起，然后就以火箭般的速度，一路升到了经理。

原因是因为她是公司里最“傻”的员工。

具体记不得了，但两个例子令我印象深刻。

第一件事情，这个女孩在一堆本科生、研究生云集的大公司闯过了初试和面试，进入了最后一轮考察：在人力资源部实习三天。部长留给了她一个任务，将公司去年的部分文件整理归类并在微机里建档保存。

然而，就在她忙碌了一天之后，下班前传来了坏消息，总公司紧急通知暂停招聘新员工。参加实习的其他学生纷纷跑到部长办公室表示不满。直到下班前，焦头烂额的部长才送走了最后一个愤愤不平的学生，回到办公室，却发现她还在成堆的文件里忙碌着。

部长很客气地说："真不好意思，白让你忙活了一天。没办法，这是总公司临时的决定……下班了，快回家吧，你明天就不用来了。"

她站起身来，说："没什么，只是这些文件我都整理了一半了，如果换成别人又要从头开始。活儿没干完心里不踏实，我明天再来，一个上午就足够了。"

同学们都说她傻，与其给人家白白出力，还不如抓紧时间找别的工作。可是她只是微微一笑，第二天中午离开的时候，留下的是一排排装订好的文件夹和一间整洁的档案室。

最后，她成了整个公司在结构调整期间唯一留下的新员工。

第二件事情，公司要员工提交一年一度的年终总结，这在我们很多人看来，绝对是最傻最无聊的一项任务。我以前最常做的就是找百度，然后找个模板改改糊弄交差完事，何必把我宝贵的时间精力浪费在这上面，反正老板也不可能看。

可是这个女孩，居然用了一周时间，制作了厚厚一本图文并茂的精美总结报告送到了公司办公室。彩色封面上是公司的标志和宗旨，扉页上有目录和提要。正文分为三个部分，分别是"我的工作"、"我的看法"和"我的建议"。每一部分都有详细的数据和直观的图表，还用漫画形式展示了公司存在的不良作风和浪费现象，最后是态度诚恳的建议和充满激情的设想。

震惊了所有人，当然包括大老板。

这样一份根本与绩效和奖金无关的几乎所有人都敷衍而已的无聊报告，人家却当做了正儿八经的事情去做。

这样的人，被提拔多正常。不提拔这样的人还能提拔谁？

有句话怎么说的？像傻子一样地去坚持一件事，总会成为一件很牛的事。

可我发现，现在这个社会这样的傻子几乎快绝种了。

没有人愿意干“毫无前途”的基层工作。

你要跟他谈理想谈未来？人家上来第一句话就是：“你们那工资待遇是多少？”

你想着大学生毕业找个工作也就几千块钱，找个做服务员收银员打杂的活儿应该不贵吧？可你打开网上求职发现，19岁没经验的高中毕业的小姑娘要求8000元以上，人家一听你开的价钱就把电话挂了；

你说现在稍微忙点累点，但是氛围好、环境好、福利好，人家说你这个工作时间太长我不干；

你说节假日会放你们假，人家说节假日本来就该放假，不然加班工资是三倍；

你说你们得努力在最平凡的岗位上做出不一样的成绩，人家说我们可以直接去不平凡的岗位；

你说你们年轻多吃点苦，得到的成长会是你们日后最大的财富，人家说我们希望找一份既不吃苦又能赚钱的工作……

总之就是一个意思：你别给我画大饼，我就看你现在能给我多少，是不是工资高又不用干活。

我本来很想问，你们十八九岁的孩子，凭什么这么有自信？凭什么这么高要求？

可是想想就说服自己去理解，因为现在服务行业愿意做的人不多，尤其是年轻人，谁都不愿意干苦活累活嘛，谁不想坐办公室谁不想干大事对吧？

但即使能理解，我也真的想说，没有一个人生来就是干大事的。任何大事业都是从点点滴滴你看不起的小事杂事做起来的。

你连一天都坚持不了，何来勇气和底气去找另外的工作？

你连一点苦都吃不了，跟我谈什么理想抱负？

我读书的时候，每天被诸如“大学生就业率创新低”、“北大学生找不到工作卖猪肉”、“博士生毕业月薪三千”等一系列骇人听闻的消息，搞得自信心备受打击，觉得能找份糊口的工作养活自己就已经谢天谢地没给家里丢脸了，还奢望什么高薪？奢望什么带薪年假？

只要对方要我，能坐在写字楼里的格子间，我就感恩戴德了！更何况是知名企业！

而在这样严峻的大环境下，大家也都拼命努力，生怕没有好的企业要自己，哪怕进了企业也是一点不敢松懈，生怕被淘汰。

没有人会跟老板谈条件，没有人会因嫌弃工资低就放弃自己去好企业锻炼的机会，没有人会因为加班到深夜，就管老板要加班工资。

在我和我的很多同学看来，哪怕工资低，工作辛苦，起早摸黑还没有休假，只要能学到一些经验，学到一些技能，就是年轻最大的资本。

虽然我没有那个女孩做得那么极致，但是我在刚实习时，第一天老板就给我下马威：“不管你是哪个学校的，到我这来都是实习生，别以为自己很牛。”1000块钱实习工资，工作任务琐碎而无趣，基本上是一切繁杂的事务，是每一个正式员工都不屑于干的事情。

第一天下来，我连屁股都没有沾到椅子一下，挤地铁回到宿舍后，摊在床上累得一动也不想动，连澡都不想洗。

室友说你疯了，找个轻松点的吧，我也问自己这样的工作真的有意义吗？我应该要做更有技术含量更有含金量的活，不是吗？

可最终第二天我还是早上6点多起床挤一个小时地铁8点第一个到了公司。

我想我连一天都坚持不了就放弃的话，以后我还怎么有底气地去找更好的工作？

那三个月，我每天比任何员工都正式，每天第一个到，最后一个走，不把手头工作做到最好就不死心，公司其他员工会的而我不会的，我都努力虚心地去学去问。

很快，大家不再只让我干杂活了，因为大家发现我学得很快，很多事情他们忙不过来时，我都能顶上；老板对我的态度也慢慢转变，甚至一些重要的项目，都拉我一起参与，问我的建议和想法。

那3个月，实习生换了一批又一批，大家说，名牌大学的学生都干几天就跑了，觉得公司太不重视他们，让他们感觉毫无用武之地，我是待得最久的一个。

很多人说不值得，可我离开那家公司的时候，老板特地给我写了一封很长很长的推荐信，这封信在我申请哈佛的时候起到了非常大的作用。

所以，我想说的是，你的努力一定有人会看到，你的忍耐一定有人会尊重，你的平凡一定会演变成不平凡。

那些第一天就因为工作辛苦或者简单就辞职的人们，你们失去的不止是一天。

我们失去的是对自己的一份交代，失去的是未来可以始终让自己问心

无愧的责任心，更失去的是未来可能获得的无尽可能。

有的时候，你觉得此处一片黑暗，似乎只有这么一条没有光明的小路可走，可你只需要坚持下去，再坚持下去，埋头往前走，再一抬头，你就发现，在你面前，可选的路，真是太多了。

而朋友说的一句话太对了，**你忍住一切向前走的样子，会刻成一把刀，让你长成参天的模样。**

一切不赚钱的情怀，都是自私自利

刚买了锤子手机它就降价了，我本来应该是吐槽罗永浩大军的其中一员。

说好的情怀去哪里了？

可是我不是来吐槽的。

相反，我一开始就不认同所谓的情怀。

所以，我现在也能理解必须妥协于现实的所谓情怀。

情怀，建立在现实基础上，那就是牛；脱离了现实，那就是狗屁。

一家不赚钱的企业，有什么资格谈情怀呢？

你底下那么多员工等着发工资养家糊口呢，你光顾着谈情怀，不是自私自利是什么？反正也饿不死你。

你可以说我势利，但我认为我只是不那么自私。

我表弟是个很有才华的人，他没有读研，所以虽然比我小一岁，但是我还没毕业的时候，他已经在银行工作了两年。

当然了，他这般骄傲又有才华的男子怎么可能甘心每天跟大妈们打交道拉存款？所以此间，他想过无数次的创业，也伙同小伙伴们和他妈创了两三次业。

每一次都会象征性地来问我意见，我知道他是想获得一些认同可以让他更加放心去做，但是我很不给面子，每次都会在听完他说的以后，说同一句话："我觉得你想法不错，但是这个赚不了钱。"

我骄傲的弟弟在第三次的时候不能忍了，说："姐你别一开始就说赚钱嘛！能不能别这么俗，有点情怀好吗？"

我也不生气："不赚钱，你怎么养活你的理想？拿你妈的工资吗？卖你家的房吗？"

我弟不说话。

头几次他还是去尝试了，结果都真的以失败告终。有的甚至还没开始就已经草草散场。

第四次他再来找我的时候，换了一副态度："姐，你看看这次这个，能不能赚钱？"

这样恶俗的开场白，却让我看到了希望。

你一定笑我庸俗，笑我掉进了钱眼儿里。

但我只想说，所有梦想，都得有面包喂饱。尤其是对我们这样没雄厚背景的草创者，面包太过重要了。

罗永浩没钱了，可后面还有一堆投资人追着呢，他这辈子都饿不死，做不了智能手机了，但说不定哪天还可以做智能马桶。可是手底下那拨人怎么办？还不是面临着失业再找工作的窘境？

所以从这方面来说，我认为老罗还是很有责任心的。

很多客人来我店里吃完会找我聊天，还有媒体采访我的时候，都会问我为什么想开的是沙拉店，真的只是因为那个约定吗？

其实我要是不要脸一点，大可以说：“我是为了情怀。为了大中华民族的百年健康大业。”

就像卖米线的说自己“卖的不是米线，是情怀”；

卖煎饼的说自己“卖的不是煎饼，是理想“。

这年头，公司需要宏大的企业文化来包装，连做点小生意居然也得势了。

但是我说不出口。

是的，我的初衷当然是理想。

我说过，我想让和我曾经一样每天苦于吃什么的白领有安心健康的东西可以吃，我想让更多的人能够了解到沙拉，改变偏见，爱上沙拉，我也想让自己喜爱的能成为自己在做的。

这句句都是实话。

到现在都丝毫没有改变。

但是这一切，都必须有基石。那便是经济基础，所谓的面包。

我很爱咖啡店，经常去泡各个有味道的小咖啡馆，但是我不会去开一家咖啡店，除非日后我有足够的经济实力，可以开着，只为了自己喜欢，哪怕只有我一个客人。

可是现在我没这个能力。

我已经不是小孩子了，在爱情中不再相信什么有爱情就够、经济不重要的美好童话。曾经撞得头破血流，为了男友赔了所有存款和家当仍然被甩，终于明白，再美的爱情，若没有足以温饱的安稳来维系，终究会在柴米油盐的斤斤计较中消磨殆尽。

爱情如此，事业更是如此。

什么有理想就够，经济基础不重要。那都是骗人的鬼话。

是的，王自如创建zealer，刚开始理想美好，评测平台，盈利模式就是没盈利。可是最后没钱了，没办法还是得拿别人的投资，这个别人还是手机厂商，自此失掉自己“独立第三方”的定位。你说经济基础不重要？要是zealer能自己养活自己，何至于要让自己不再自由自主？

你开一家店，不赚钱，除非你是富二代或者有背后的投资者，可以源源不断地让你往里砸钱，不然你怎么养活店员？你怎么维持下去？没有经济基础来维持，你的理想靠什么支撑？

所以，我对所有人都很坦白地说：“第二点，因为它能赚钱。“

对方往往被我的直截了当吓一跳。这年头，还有这么不包装自己的。

是的，我喜欢这件事，但是我也确保了它能赚钱才敢把家当都投进来。

你可以说我是个唯利是图的商人，根本不是为了理想。

说句掏心掏肺的话，我是爱钱，但还真不是唯利是图。

要是唯利是图，我一准去开个火锅店、麻辣烫店，甚至是烧烤铺子，赚的肯定比现在多得多。

我为啥没去？还不是因为那可笑的情怀吗？想要做一点改变中国人饮食习惯的事情。

当然这点事情可能在你看来很可笑，但是在我看来很有意义。

可我也不能指着这情怀过活呀！没有人会替我埋单，我必须用金钱将自己的情怀撑下去。我必须杜绝失败。

失败是可以被原谅的。但是失败是很消磨信心和勇气的一件事。

失败一次两次，你可以说自己运气不好，没问题；但是如果失败三次四次，先不说别人，你自己已经害怕再去尝试，害怕再去辜负信任你帮助你的人。

如果你的所谓情怀所谓理想连一年都熬不过就破灭了，这样的失败带来的最沉重的打击是在我身上，我可能再也不敢这么放手一搏去尝试别的。所以我必须得让它活下去。

活下去，一方面是凭我的努力；另一方面则是凭它本身的潜力。一个本身已经肝癌晚期的患者，我再怎么努力也是徒劳。一把扶不上墙的烂泥，我再怎么努力也是枉费。

这就是我到现在一直跟我弟弟说的一句话：**“不赚钱的情怀，都是自私自利。”**

这不仅仅是钱没了的事情。

钱没了可以再赚，但是你的青春、你的勇气、你的自信，没了，就难找回来。

在对的路上执着

最近我弟弟的意大利餐厅临近装修了，可突然说合作不太顺畅决定不做了，我以为他会备受打击，消停一阵，没想到没几天他又开始捣鼓一个3D人像的新项目，一天发来一堆奇怪的图片骚扰我。

第一个问题是：“你愿意为这个花3000至4000块钱吗？”

我觉得既然是自己弟弟，当然得如实回答了。

于是我说：“不愿意。300至400块钱勉强愿意试试。”

他说：“不是吧？那如果把你做成动漫动画的原形呢？”

“我对动漫不感兴趣啊……完全没意义啊对我来说……你觉不觉得你的客户群体很狭窄？”

“可是这个很好看啊！”啪啦啪啦又是一堆图片。

“不觉得啊，我还是觉得香港蜡像馆的蜡像最好看。”

“蜡像馆的贵，要几万，我的便宜，才三四千。”

“可是你的丑，我干吗花三四千买个这么丑的？”

“放在家里做纪念呀，比如你可以买我的、我妈的、你妈的、外婆的在家里放着。”

“我靠，我买了干吗？半夜起来上个厕所还不得吓尿了！”

“哈哈，好吧……“

……

然后我俩的对话如此不赏心悦目地结束了。

A先生在一旁看到说：“你别这么打击你弟，他很执着。”

我很认真地转头对他说：“他不是执着，是固执。执着，终会做成一件事。可他固执地去做了很多件事，却没做成一件事。”

A先生说：“这么说来，倒也是。”

我喜欢执着这个词，但是很不喜欢固执这个词，因为在我眼里，固执是盲目的坚持。

小时候总被大人安上“固执”“倔强”这样的形容词，当时很愤愤不平，觉得你们懂什么，我这叫执着！

后来才慢慢明白，我还真就是固执！因为压根没经过深思熟虑就去自以为是地坚持一些事情，还觉得自己特别执着，要是做不成简直是老天不开眼。

可其实呢？那个时候的我，容易被激怒，一旦对方说什么“这不可能”“这一定做不到”之类的字眼儿，就会彻底激发我的叛逆心理，老子偏就做给你看！

当然有一些我还真给做到了，费了很大的力气；

但更多的时候，因为欠缺理智和冷静的分析，我最终没有做到……而没有做到的后果虽然不严重，但足够尴尬。虽然，爱护我的人很客气地装作忘了我曾经的固执和豪言壮语，当作什么事都不知道。但是我自己心里总是觉得像被扒光了衣服似的难堪。

不是所有的成功人士都说坚持就会成功吗？为什么我坚持了就不行呢？

我就这么偏激又固执地失败了很多次，一直到学生时代快要结束。

好就好在，一穷二白的学生，没有什么是可以输的，顶多是赔了些时间和精力。

对于年轻时的自己，时间和精力，是最不值钱的东西了。

可当你开始慢慢地离开20岁，奔向30岁，当你还是一穷二白地开始尝试创业后，才明白时间和精力，是最值钱的东西了。

在错误的尝试里浪费的时间和精力，很可能就是商机的错失，也很可能就是一败涂地的缘起。

当时在帮着前男友做一个他设想中的宏伟事业。于是我放弃了出国深造的机会，也放弃了很好的实习机会，每天穿得跟个农民工似的，在北京的冬天里，窝在五环外头一个村子的没有暖气的小院子里，做着其实当时就觉得没什么希望的事儿。

但当时谁会听得进去所有不看好的声音呢？在我看来，我坚持着自己认为对的事情，被大家误以为愚蠢，正是天才必经之路。

现在回头想，真觉得自己够蠢的。

为什么？不是因为我为了个不对的人放弃了很多东西，可最终没成功。

而是因为我自己都没有确定那是件对的事情，就在犹豫中因为互帮互助的超乎爱情的友谊，去做了一件完全可以在理性思考下避免去做的事情，浪费了完全可以不浪费的时间和精力。

虽然这件事情终止的表面原因是，团队的人因为领头的前男友不靠谱，都散光了。

但其实归根到底，还是这事不行。

人总有很多想做的事情的，也有很多喜欢的事情的。

所以把“去做你喜欢的事情”这句话落到实处，其实并不容易。

因为你喜欢的事情，并不一定是大家喜欢的，感兴趣的。

如果不是大家喜欢的，感兴趣的，说明你的受众就小，说明你的盈利来源就少，那么你的这件事情能成的概率就小。

有可能成功吗？

也有可能，如果你运气足够好，或者你资金足够充裕，或者你资源足够强大，那也可能成。但这个世界上能满足这些条件的创业者能有几个？

马云坚持了17年，阿里巴巴得以上市。

所有人都看到的是马云的坚持，马云的十年磨一剑，可又有多少人会去想：如果马云坚持的不是阿里巴巴，而是他之前从事的培训机构或者是营销呢？会不会还有今天这么大的成就？

我的答案是不会。因为他没有这方面的优势，也没占尽这行业的先机，对他来说，这个事哪怕他坚持了，虽说能力突出，也不一定能成。而阿里巴巴，绝对是他经过深思熟虑后挖掘出来的蓝海。这事儿本身就充满着无限可能无限商机，所以哪怕实现的过程再艰难，都是值得抛头颅洒热血地去投入去拼命的，因为坚持了会胜利。

我一直跟想创业的朋友们，尤其是那些想开咖啡店的文艺女朋友们说：“你想好了，你是就想玩玩不图赚钱哪怕赔钱都乐意，还是想靠这个赚钱？

若是前者，我大力支持；如果是后者，我就劝你别做了。”

我有一心直口快的女友说：“你自己想啥做啥，凭什么我想啥你就不让我做？你还天天宣称你就是要做你想做的你喜欢的事情！”

我很无奈，但还是得耐心回答：“你知道我很想做的一件事是什么吗？”她摇摇头。

“也是开个咖啡店。但是我没有去开，不是因为我没足够的钱去开，而是我没足够的钱去养。咖啡店不做到商业化基本不赚钱。但是因为我喜欢它所以不希望它变得商业化，我希望它是我喜欢的那个样子，单纯而美好，随心所欲，不为赚钱。可是若它不赚钱，就会面临关门。我想说的是，如果我没有足够的经济实力去让我的梦想成活，宁愿让它不发芽。看着自己的心血死掉，那是对自己的信心很致命的打击。”

她点点头。

创业是件很美好的事情，但是创业失败的滋味就不那么美好了，我体会过，知道那不好受。虽然说创业失败十之八九，失败的经验无比宝贵，但我想说，失败的经验它就是失败的经验，永远不会变成成功的经验。

我们不是富二代，随手拿出几十、几百万来试试水，打了水漂都可以甩甩头重头来过。失败之下，我们可能失去的是赖以生存的金钱和宝贵的时间精力，而最重要的是，自信。即使是富二代，也保不准被消磨了信心。

人的信心就是那么多，它往往不会越来越膨胀，却会因为一次两次三次的失败而消磨得越来越少，轻而易举。

所以，没有必要的失败一定要杜绝。杜绝的最好方式，就是在开始前，一定要看清楚，查清楚，想清楚。

一定要考虑好你的产品有多特别，你的市场有多大，你的消费受众有多广，你的东西好在哪里，你的定位是在哪层？

并不是所有的事情，我们自己喜欢，别人就喜欢；

并不是所有的事情，我们自己愿意埋单，别人就愿意；

并不是所有的事情，我们自己觉得能做，它就真的能做。

或许是时机不对，或许是当时的我们能力不足，或许是经济的捉襟见肘，都可能导致我们做的这件事情必然失败。

是的，我说过，**执着下去，你想要的，岁月统统会给你。**

但是前提条件是，你得走在对的路上努力。

只要路对，再难走，不过是走得慢一点；否则，还没等到岁月给你你想要的，你已经走到了悬崖边上，怨天不灵，尤人更无用。

坚持充满希望的事，披荆斩棘，叫作执着；而坚持没有希望的事，哪怕历经艰险，仍然只是固执。

送给我弟弟，也送给所有和我曾经一样固执的孩子们。

“勿任性，勿执念。”

C H A P T E R 5

第 5 章

别害怕，勇敢地去过你梦想中的生活吧

我在过去的几年里，被生活的重锤击倒了很多次，可是受伤了，自己舔好伤口；击倒了，自己再爬起来。生活以为我会像老牛般越锤越安静，可是我却像狮子般，越锤越强大，越懂得反咬一口。其实，太阳总会落下的，不落的，是你那在黑暗里也闪亮的倔强光芒。

见到你，才明白是应该的

在我准备开店的那几个月里，突然铺天盖地地开始被“我为什么北大毕业卖猪肉”“我为什么硕士毕业卖米粉”“我辞职卖肉夹馍”之类的宣传文章，以及各个互联网营销出道的大V做餐饮的宣传报道所淹没。

几乎每一篇我都认真地看了，说实话这些软文也都写得不赖，尤其是互联网营销专业出身的大V们，连我自己看了都有转发的冲动，恨不得立马就去试一下，尽管心里知道味道多半不咋地。

而这些吸引眼球的标题和有话题的创业，也的确让大家唏嘘不已争相传阅，要说效果还真是不错，不仅迅速出名了，而且还吸引了各种投资，马不停蹄地开第二家第三家。引得无数人以为这年头，大学生全创业开店卖吃的了。

所以当我默默无闻地开业后，身边无数的“军师”们已经纷纷给我传授迅速火爆的秘诀，比如你要写一篇“北大美女双硕士毕业卖沙拉”“北大才女走遍全球要当沙拉西施”之类的话题文章来炒作。

说真的，我也不是没考虑过。出名多好，张爱玲说的，出名要趁早，老了就没意义了。我都已经错过了进入娱乐圈成为天后的出名机会，当个草根红人也未尝不可呢！再说了，管他是坏名声还是好名声，出了名什么事都容易办！还不用自己事事亲力亲为累得跟狗一样，自然有一帮人来找你围着你打造你，然后借着捧红你的名义榨干你。

可我最终还是战胜了自己几次跃跃欲试呼之欲出的想火的阴暗欲望，用最朴实无华的语言，简单地叙述了我开这个店的过程。整篇文章真实无半点夸张捏造，连标题都是除了文艺女青年外很少有人会点入的《与不简单的食物拥抱，和有故事的世界相逢》。

这篇文章一出来，那些个拿着板凳等着看我成为北大堕落女红人的军士们气得差点吐血，说你这是矫情个什么劲儿呢！你知道什么叫炒作吗？你知道什么叫作包装吗？你知道什么叫作营销吗？

我被问得连解释的机会也没有。只好把那句“我只想踏踏实实的，不要太浮夸，做好自己的东西”硬生生地吞了回去，然后低头认怂，承认自己没有营销头脑。

在我的店开了第二个月之后，比我早开一个月的那个北大师兄开的米线店已经靠那篇红极一时的软文顺利拿到了徐小平的投资，风风火火准备开第二家。而我自己仍每天辛辛苦苦地做酱料、做沙拉；自己跑断腿地到处联系商场，求爷爷告奶奶地希望能给我们腾个好位置。

我开始觉得隐隐的有些失落。开始怀疑自己是不是太天真了，这个年代出来混，你这样温吞不火的小煲着，真的可以吗？

那天下雨，坐着的士从商场败兴而归的路上，看着因为好声音也红遍全国的那几个娃，张牙舞爪地出现在的士的广告里，突然看着如此令人艳羡。

回到店里心情无比低落。是啊，一夜成名多好。

店员看我闷闷不乐，也不多问，把店里开业时朋友们送来的一堆用来丰富库存的书搬过来给我看，说："令姐我给你弄杯热的米浆，你看会儿书歇会儿吧。"

我在氤氲热气里翻开一本书，那是本朋友从台湾诚品书店买回来的书，是讲台北故宫的馆藏的。

看到一件有着很独特的斑纹的瓷器，看了一下这个斑纹叫作犀皮，制作的工艺竟然出乎意料的繁杂：先用调色漆灰堆出一颗颗或者一条条高起的地子，那是"底"；在底上再刷不同颜色的漆，刷到一定的厚度，那是"中"和"面"；干透了再磨平抛光，光滑的表面于是浮现细密和多层次的色漆斑纹。

制作这样一件美轮美奂、世间罕有的漆器居然要花上大半年的光景。

我不禁有点释怀。

这绝世的好东西，能够成为旷世珍宝，而不是那些个赶工一天做出来的粗糙物件，我想总也是有原因的。

这是不是可以安慰到正在慢慢做着胚"底"的我？

而那些我所能知道的已经成功的人们，又有哪个不是先有了厚厚的"底"，再有厚厚的"中"，最后是光鲜的"面"？

马云又何尝不是如此？十几年如一日的努力，才换来可以说"我认为钱对我来说没有价值"的资格。他是不怕推敲的，如同那尊千年的犀皮瓷器一般，也是不怕岁月的摧残的，因为他们深厚的底蕴经得起风霜的侵蚀。他一步步地爬到了最顶端，你砸我一级台阶，我还有下面无数阶，哪怕你砸我几级，我也不过是踉跄一下，但总还站得住脚。

而那些被泡沫捧到了云端的人们，站在高处自己都时不时会捏把汗，怕一阵猛风便能吹倒了，摔得生疼。

被定义为成功的人是如此，普通人其实也如此。

那一阵子，我几乎每天在店里用电脑办公到两点钟才回家。每次到小区门口，会有两处地方让我觉得，哦，到家了。

一个是门口的便利店，一个是小区的门卫。

其实我可以把车停在小区里，可我每次都选择停在小区外边的临时停车场，因为这样就可以步行经过这两个地方。

我会先进便利店，买第二天的早饭，然后跟便利店值夜班的员工聊几句。无论我多晚到，那些个值班的老阿姨老叔叔一定都是精神抖擞的，问我:“小姑娘要不要吃点热乎的？”

我常常会听她们的，买几串热腾腾的关东煮回去，然后路过门卫室。每天晚上都是不同的门卫，可相同的是，只要一听见我很细微的塑料袋摩擦裤腿的声音，他们都会很警觉地从座位上站起来，认真地看外面的情况。看到是我，打声招呼，小姑娘你怎么又这么晚回来，一个人一定要小心。

其实那个时候的我，真的已经筋疲力尽了，也常常会觉得除我以外应该没有人会这么辛苦了吧？

可是每次看到他们，我都会觉得心安，很庆幸地察觉到，几乎在这座城市的每个角落，都有着踏踏实实坚守着自己本分，全身心地努力工作的人。他们不为了多大的成就，得到多大的认同，他们只是在做着自己的工作，付出着自己的努力，甚至给了他人不在工作范畴内的热情与关怀。

我有时会看向他们的眼睛，想看到他们的眼里有没有麻木，有没有绝望。

可常常看到的是清亮的眼神，我便安心、满足。

那天之后，我总算从那种强烈的对比之下生出的失落感中走出来了。嗯，我不要那样的成名，不要被那些虚无的泡沫追捧到了天上却因为自己的弱小而重重地跌落。我要一步步地往上爬，踏踏实实地把该做的都做到位，该修炼的都修炼好，该完善的都完善了，然后从容地面对所有应得的赞许和莫名的诋毁。

过了一星期，我在店里对着电脑设计新的菜单，陆家嘴人流最大的商场招商部负责人找到了我。

我有点受宠若惊地迎出去，这阵子都是我求着商场，居然还有找上门的。

他看到我，对我说他这已经是来了第三次，终于和我见上了。

他很希望我们能进入他们的美食城，并且表示非常看好我们的业态和前景，愿意给出最好的位置，甚至可以按我们的要求，开辟一块新的区域，独家量身定做。

我心里有千只欣喜若狂的小鹿在乱撞，可脸上还要装作这事我们愿意考虑详细细节，还需继续谈谈的镇定自若。

末了，我还是没有忍住，问了一句：“请问你们是如何知道我们店的，是朋友介绍？因为我联系过其他商场，但没联系过你们。”

他笑笑说：“是的，很多来我们美食城消费的顾客提起了在一条不起眼的路上有一家很好吃的沙拉店，我们也看到了在大众点评网上你们是五星的评价。做餐饮这么多年，我很少看到五星评价的餐厅，更何况是你们这么一家不是大品牌人均消费又不高的新店。这让我无比好奇。第一次来的时候，我沿着这条路找你这家店，还在纳闷，这条乱糟糟的路上真的会有一家五星的店吗？今天终于有幸见到老板你，我才明白，五星是应得的。期待与您的合作。“

送他离开然后往回走的时候，我的心情真的比一夜成名还要激动，虽然我还没体验过一夜成名。

你看，你想争取的、认真努力的岁月，终于还是转换成了一种虽不如你所想那么好，但是起码一点也不坏的消息来装点你灰暗万分的落寞期。

不管怎样，你又多了一个机会。

生命的厚礼，真的会赏赐给那些愿意为自己的梦想付诸努力的人。

而那句“见到你，我才明白，五星是应得的”，是对这段认真努力，默默付出的岁月最好的回报了。

那比多少个在炒作下唏嘘跟风的赞许都要让人莞尔一笑。

它提醒我，那些个日日夜夜，是值得的。

我是真真切切地希望，在以后的人生道路上，会有越来越多的人，对我说：“今日见到你，才知道你现在拥有的一切，是应得的。”

这比大房子，好车子，名利重要得多得多。

慢慢来，一切就会来

2014年下半年有一阵子我很着急，着急到每天都很紧张。

为什么呢？

我开了meal salad一周以后，就收到了来自五湖四海的粉丝们的关注和提出的加盟要求，也遇到了许多主动上门的投资人投资公司，其实诱惑足够大，因为这钱会比自己慢慢开一家家店来得快。

可是我为了保证品牌的质量，一一拒绝了。

但在三个月后，我开始后悔，因为我陆陆续续地收到来自很多关注者们的友情提醒：比如说上海又新开了家brunch的店，位置特别好特别火爆，人家也有salad！比如说北京有人在做外卖沙拉！比如说北京也有人在CBD找铺子打算开健康午餐店！

突然间从这个行业唯一的探索者，面临着倏忽而起的众多同行，除了惊叹这一理念的传播速度和中国人的模仿能力，便是深深的焦虑。

我深信不疑自己的产品质量和口味，也深信不疑自己的理念和理想，但是我对于自己稳扎稳打的方式产生了质疑。

在这个以快为王的时代，快一点占领市场，占领先机，似乎才是取胜的王道。而我慢腾腾地修炼着自己的内功，会不会到头来为别人做了嫁衣？

在我刚开始感受到威胁的时候，一位做投资多年的北大师兄找到我，说他有兴趣想把这个品牌做成如同星巴克一样的全国连锁，并且认为我有这个前景。他说回头我把我非常好的哥们儿叫上，他是做连锁加盟的行业翘楚，我们先要把一套连锁加盟的体系做出来，做得滴水不漏。

我同意了。

当他一个月后来找我时，我已经开始深深地焦虑，并且往返于各个城市之间，选址，布点。

他看着我说我最近在忙的一些事和接下来的计划，然后吃一口我的热沙拉，眯着眼睛说："嗯，好吃！别着急，慢慢来。"

我记得我当时回了他一句："不能慢了呀，必须得快，不然就输了。"

师兄没有再说话，全程都是笑嘻嘻地扯着别的。

那天半夜，我因为被前男友的无赖所气，在朋友圈发了个类似渣男你别逼我的状态。

过了一会，师兄给我发了条微信，那句话如同一棒子，把焦躁不安的我打醒，那句话是：

"就像恋爱一样，还没准备好之前就盲目开始，纠错的过程会很漫长和痛苦。"

是啊，创业的每一步，其实都尤为关键，走错一步，如同爱错一个人，开始容易，想要纠错或者回头就是多方牵扯了。

这句话我太有感触了。

其实回想起来，有过不少盲目开始的时候。

而最近犯的一个大错误是关于第一家店的选址。

我们的第一家店在陆家嘴商圈人尽皆知的暗黑料理一条街，说暗黑料理有点夸张，但这整条街都是中式快餐，米线、砂锅、牛肉面、火锅之类的饭店，人均消费也不过二十出头。

当时在这蹲点了几天，只看到了这里庞大的人流，以为川流不息的人潮意味着源源不断的客流量，以为这陆家嘴8万个白领每天来个800个就足够我们赚钱了，却没有去想一想这些川流不息的人潮是不是能消费得起40元一份的沙拉？是不是喜欢吃沙拉的人？

那些喜欢健康午晚餐的小资白领们，会不会愿意移步，从高档写字楼商场里走到这条所有人印象里的暗黑料理一条街来？

在没有考虑清楚这些问题前，因为着急想在6月份开业，于是匆忙地做出了决定。等到交了几十万的转让费以后，再想后悔，也已经没回头的可能了。

于是，在接下来到现在的几个月里，我几乎每天都在感慨当初的盲目冲动。

因为这个纠错的过程真的太漫长了。

虽然我现在有了这第一家店，生意盈利也都很不错，每天大家都忙累不已，评价也是出奇的好，为此拥有了进入各个商场的谈判资格，甚至很多商场主动找上门谈合作。

这些让我欣慰不已。

但是我无法用这个去掩盖自己犯下的错误。我们店的客流量连旁边的沙县小吃都不如。为什么？因为就像前面分析的，那些消费得起40元一份的沙拉，喜欢吃健康餐的小资白领们，宁愿多花几十块钱在核心商圈的写字楼商场里吃饭，也不会愿意走十分钟来暗黑料理一条街。

若是当时再耐心等等多找找多谈谈，哪怕是等上一两个月，开进了写字楼，轻松便可以拥有现在两倍的人流。而现在每到下雨天，我就会懊恼自己当初的鲁莽。

店长有时候会悄悄对我说："老大，没事的，这也是经验嘛。"

我也会这么安慰自己，是的，每一次失策都是经验。可你会发现，经验这个理由根本无法让你宽心，因为你只要当时多加慎重考虑，就能拥有成功的经验，而非现在失败的经验。

我总是为自己的雷厉风行而自豪，但现在已然醒悟，快速的决定并不都代表你的果敢。

如果你的决定带来了正确的后果，快速会带给你"当机立断""领导魄力"等殊荣；

但如果你的决定带来的是错误的后果，快速只会给你扣上"鲁莽""冲动""不稳重"的帽子。

你可以不在乎别人对你的评价，但你知道吗，快速而错误的决定，更多时候，是会让你在往后的日子里，过不了自己这关，会有想起来都会摇摇头叹口气的那种遗憾。

而你以为这样的错误，是可以很快修正并且抹除的吗？

几乎不可能。

爱了一个错的人，还很少能有意识到错了就立即收手回头的，大多数人会觉得已经投入了感情和时间，说不定还有挽救的机会。然后在互相折磨和纠缠中，度过了一生。

事业道路上的选择错误，与爱情道路上的同样可怕而令人惋惜。

我想我会时刻用师兄的这句话提醒自己：

和恋爱一样，还没准备好之前就盲目开始，纠错的过程会很漫长和痛苦。

所以，在你还没后悔之前，别给自己任何后悔的机会；

在你还不需要纠错之前，别给自己任何纠错的必要。

有的时候，慢慢来，慢慢的，一切都会来。

赚钱是容易的事，但做人不是

今天跟想要合作的朋友提出了自己的高标准，我将自己的想法告诉她后，她说她跟老公，也是我大学同学，商量一下。

我完全能理解他们需要商量的顾虑，因为连我自己都没有百分之百的把握，对他们夫妻而言也算是个不小的决定。

可就在几分钟后，收到了她的微信截图。图的内容是她老公给她发的两句话，一句是："我看好王令凯这个人。"另一句是："她想做的事，就没有做不成的。"

然后她在截图的下面说："××真的很少很少这么夸人。我跟他在一起7年了，这是第一次。""我们真的很看好你，加油，小令。"

我在一个小时之后看到这条微信，紧锁的眉头舒展开来，这些天的忙碌，忧虑，各种不确定因素所带来的焦躁瞬间就消失了。

人对，事就能对。

这恐怕是这个世界上最高级别的肯定，也是这个世界上最能让人重新拾回信心的赞许了。

真的有这么神奇。

有的人说，这辈子要赚多少多少钱才算牛；要把公司做得多大多大，甚至上市才算成功；要让多少人都知道他们才算没白奋斗。

确实，这是检验你的努力是否被认可的最社会化也最直接的标准。

但对我而言，却不是。

我曾经许多次看见自己的名字出现在学校的光荣墙上；也听过很多人对我其实不传奇的经历的传奇描述；也经历过账户里一夜之间多出来许多数字。可是那些似乎都没有带给我任何触动，也没有任何成就感，它们丝毫都不能证明我做成了什么，我只是用了比别人多得多的努力，获得了很多人轻而易举就能享有的东西。

这些年荣誉和赞许不少，却从未觉得有一刻轻松过。

为什么？

因为我始终觉得自己做得还太少，自己还太普通，离优秀和成功还差很远。

每当别人夸我“你好厉害，你好优秀，你好聪明”时，我都觉得心虚。

然后为了对得起这份夸赞，更是加倍努力，生怕哪一次做得不够好，便辜负了别人曾经的赞许。

好友问我，为什么你总是让自己那么累？给自己那么大压力？在我们眼里你已经很出色很优秀了，你觉得什么样才算成功？

我答不上来。

我仔细地想过，也在夜深人静时问过自己，王令凯啊，究竟什么样你才会觉得成功呢？

仍然答不上来。

可在我两年前第一次听到一个朋友对我说“因为这件事做的人是你，不是别人，我就觉得能成，没有理由”时，我第一次有了轻松的感觉，那么清晰，自己都能感觉整个人松了口气，心口举了多年不敢有丝毫松懈的大石头，重重地落了地。

你能体会那种“原来我是这么棒”的感觉吗？

我想我是从那天起，终于觉得自己许多年的努力和苛刻是那么值得，终于觉得哪怕有一天我做得不够好，甚至失败了，我也不会对不起别人的赞许，因为我得到的是对我这个人的肯定，而不是对我做成的事。

人对，事就能对。

还有什么比这个更能让人感到安慰和自豪呢？

我的外公是我这辈子最钦佩与尊敬的人。他这一辈子做了很多寻常人根本无法想象的伟大的事。从我记事起，他就对我和弟弟没有什么学业上的要求，只对我们为人处事上有着极高的要求。他去世的时候，给我和弟弟一人留张字条，习了一辈子书法的他留在字条上的却只有歪歪扭扭的五个字：“做个好的人。”

捧着字条，看着葬礼上从全国各地赶来的熙熙攘攘的各界人士，却不明白什么样才算是好的人？是不是外公真的病糊涂了，把要“做个好人”写成了“做个好的人”？

许多年后，我终于明白，做个好的人，就是无论你做什么，大家都会无条件地相信你做的事情是好的，是对的。

我想，这就是人一辈子最大的成功了。

我想外公真的当之无愧是个好的人，从他无论要做什么事情一声号召就有无数人响应，从他葬礼上由全国各地赶来哭得比我们家人还惨的各界人士，就可以看出来。

而我真的很欣慰的是，我正在越来越接近这个“好的人”。

那些赚了许多许多钱的富翁，那些公司做得很大很大的企业家，那些人人知晓的名字，真的很棒，起码我现在不是。

可是我始终觉得，只要你愿意去想，去付出努力，赚钱真的是很容易的事情，让人记住你的名字也不难。

可是做人不是。

“他很有钱”“他的公司做得很大”“他很有名”，都是对他所做的事的肯定，都是不可小觑的成就。

但这些统统抵不过一句“他这个人可以，所以他做的事情就可以”。

在我看来，这才算是最大的成功吧。

我希望自己可以越来越接近一个好的人，一个对的人。

你根本不用那么辛苦

前两天对自己很器重的员工大发雷霆了。

其实事情本来完全不需要以耗费我的元气大吼大叫来结束，起因只是我前一晚交代的事情他没做好，没赶上第二天大客户的截止日期，导致客户很生气。

我问为什么不安排好时间？为什么没有事先准备好该准备的？

他当着其他人的面很着急地解释："老大你知道我昨天一直忙到半夜！都没休息过！"

我一听噌的一下火就上来了："我说你休息了吗？我说你不辛苦了吗？这和没准备好有什么关系？"

小子委屈劲儿上来了，还在大声嚷嚷着解释。我见他完全没有意识到自己的问题，索性挥挥手让他走开，免得跟他说话惹自己继续生气。

“你怎么没把事情做好？”这个问题，总有些人的逻辑会是：“我做了很久做得很辛苦！”

你做了很久做得很辛苦又怎么样?！你仍然没有做好，甚至比做得不久不辛苦的人还要差劲。你还有什么资格为自己的辛苦来吆喝？

其实我明白他的委屈，他的辛苦也都看在眼里颇为心疼，让我生气的不是他比我还大声的回答，而是他压根没明白问题出在哪里，一味地沉浸在自己花了很多时间和精力很辛苦却被骂的委屈心情里。

可是做得辛苦，并不能成为做不好的理由啊。

用一副楚楚可怜的表情说自己很辛苦，比做不好这件本该做好的事情本身更让人失望和无奈。

更何况，你根本不必像你以为的那么辛苦。

等事后心平气和时我把他找来好好地聊了聊，我问他，你有没有想过为什么？为什么那么简单的事情没做好？那么容易的事却花费了那么多时间？

他低下头不看我，说因为我能力有限。

我说：“也对，一个人的能力当然有限，你把自己当成一个超人什么事都揽在身上，不去想着怎么把这件事最高效地完成，不懂得去跟团队协作。事实上，可能别人的逻辑分析、协调能力都要比你强，你为什么不借助团队的力量呢？几个人的力量，一定比你一个人大。”

他不再倔强，默默地点了点头。

我说得这么振振有词，因为我曾经也如他这般。

我把这种现象总结为过度缺乏安全感，过度信任自己：每样工作只有经由自己的手才能百分之百放心，不然就提心吊胆地觉得会出岔子。若是因为不由自己来做导致最后做不好，自己肯定难受，觉得本该是自己的责任，就是因为交给了别人，才没做好。

于是乎，原本应该是整个团队的工作，到最后统统都成了我一个人的工作，团队里的人倒是乐得自在，可我自己一个人却只能起早贪黑，每天熬夜才能完成这些原本应该大家分工完成的全部工作。

一阵子下来，蓬头垢面，身心俱疲，每天几乎都在感慨我为什么这么辛苦，心里充满不平衡感。

若是在最后出来结果还算不错的情况下，这样的不平衡感和委屈感会被宽慰不少。

心里还会得意地想着：“看吧，幸亏是我做了，要不然哪有这么好的结果。”

可若是有的时候出来的结果根本不理想，自己还是会满满的负疚感，觉得“都怪我”；要是这个时候再遇上不体谅的队员直接抱怨“你看你看，都怪你，当时让我们来做就好了”的时候，就会有“我那么辛苦，你怎么还可以这么怪我”的天大的委屈！

后来终于有一次累得扛不住了病倒了。在医院里打吊针的几天里，把工作安排给了团队里面的几个人做，心里已经绝望地做好了“这次的课题一定会很惨，也罢也罢”的准备。

可是几天后回去，我惊讶地发现，在我手里的那份报告，居然比我以前自己承担了全部的要好得多！

每个人都做了自己擅长的一部分，并且通过互相咨询和帮助衔接得天衣无缝。

那是最令我尴尬也震惊的一份报告。

从那天起，我也明白了一个道理，我不是全能，我不是超人，很多东西交给合适的人来做会比自己做好得多。

身为一个团队领导者，从繁杂的具体事务中脱身出来后，就可以将原来用于学习自己不会做的事情的时间，更多地用于观察每个人的长处，发现每个人擅长的事情，来安排工作；更多地关注团队之间的协调与沟通，来及时发现问题和处理问题。

渐渐地，我不那么累了，我可以在完成自己那部分擅长的工作后，舒舒服服地洗完澡躺在床上看电影，等着其他人很好地完成其他部分，我来进行收尾即可。

我终于意识到自己不是个超人，自己只是很普通的一个成员。

我也开始学会说“这个我不会哎”，把它交给更合适的人。

可我曾经却是个不管什么事情，只要别人交给我，都会硬着头皮应承下来的人。我觉得不会那就学呗。可是其实哪怕我们的学习能力再强，学习都是需要过程需要时间需要精力的，何不把它交给更专业更合适的人去完成，让这件事情更快更好地完成呢？

很多时候，你越觉得自己好辛苦好累，有可能是因为你爬得比别人高，空气更稀薄，承担了比别人多的责任，但也有可能是你太看得起自己了，以为除你以外，无人可以。

但是把自己当成了最牛的人，往往却成了最傻的人。

其实这个世界上有很多闪闪发亮的人，你根本不需要一个人，像你以为的那么辛苦。

我为什么要选择你

前两天临时被梁先生拉去做JA的志愿者，说白了就是把各行各业混得还不错的人聚集到一块给在校大学生去分享职业规划和职场经验。

这一场的主要内容是模拟面试，我的任务蛮简单的，就是当面试官。

无领导小组面试比较无聊，大家都温文尔雅客客气气的，完全没有我们当年脸红脖子粗，差点儿冲上去捂住对方嘴巴的那种激情澎湃。

半小时里，我昏昏欲睡。

好不容易熬到了个人面试，想着总该有几个有意思的了吧。

结果每一个人的自我介绍都如出一辙："我叫×××，我毕业于哪哪哪，我的性格乐观开朗……"尽管有的人一看就腼腆内向，跟乐观开朗怎么都搭不上边。

我也不问一些专业上的问题，而是问一些他们平日里做的事情。

问到最后，我都会问一个问题："你觉得自己和别人相比最大的优势是什么？"潜台词就是："我为什么要选择你？"

几乎每个人都会一愣，想一会儿，答案又几乎是如出一辙："我的学习能力很强。"或者"我比较谦虚好学。"

面试结束后我跟梁先生交流，他那边遇到的也是这样的情形。

他说他当场就很不给面子地跟他们说："你们是没经验的大学生，你们进来当然是学习的！学习能力强，值得骄傲吗？你不谦虚好学，我能要你吗?!"把那帮学生说得一个个面红耳赤。

我被他的苛刻惊到，其实这不能怪他们。

大多数的我们，在步入社会前，对于自己有什么不一样的光芒，都没有意识到。

我以前也被面试官问得憋不出个所以然。

不过这真的太重要了。

我们这代人很不幸，一出生就必须跟同龄人争夺着有限的重点中学名额、重点大学名额、保研名额、工作名额、公务员名额、买车名额、买房名额；连对象的名额说不定都得抢。

这么多人，谁顾得上谁？你还指望有伯乐整天睁大眼睛来发掘你的不同？

你自己都不知道自己有什么是与众不同的，又怎能埋怨无人识英才？

我记得我大三暑假去新东方学英语，在那群老师每堂课的插科打诨里过得很愉快，就是几乎没学到在任何两个月后仍有记忆的东西，但是到现在为止印象还很深刻的是其中一节放VCR的课。

那节课老师主要是给我们看最后被耶鲁、麻省理工、康奈尔、科蒂斯音乐学院等一流大学录取的学生交上去的自我展示的集锦。

这些学校经常有一些奇怪的要求，比如说PS和CV都不要，就要一个三分钟的视频。

于是在接下来的十几分钟里，我看到了我至今为止都不得不赞叹的视频。

有人自己整了一个模拟庭审，一人分饰法官、律师和证人，精彩绝伦；

有人在一分钟里换了十种乐器，衔接顺畅地唱出了自己曾经的代表作品合集；

有人拼接了自己在世界各地农田里与动物们的照片，表现了自己曾经满世界考察农业的经历；

有人做了个动画，里面各种搞怪的动作来体现他不被看好的成长，把我们逗得全程捧腹；

印象最深的是一个女孩，最初镜头里只有她的手在画沙画，两分钟里，整个她的人生在沙子的此起彼伏里清晰呈现，她父母双双死于一种疾病，从此她爱上读书，致力于从医，希望可以成为最好的医生。她没有说一句话，可我仿佛已经看到一个目光坚韧的女孩站在对面。

……

十几分钟的视频合集看完，全场除了唏嘘还是唏嘘。

老师问我们，看完感觉怎么样?

有人回答说:“牛人!”

有人回答说:“差距!”

也有人回答说:“作秀!”

……

“不管人家是不是作秀，是不是搞形式化，起码你记住他了，对不对？”

我们点点头。

“现在你一定知道申请耶鲁大学法学院那个人在法律上的扎实基础，申请音乐学院那个人在乐器上的深厚造诣，申请康奈尔大学那个人丰富的实地经验，申请医学院那个女孩从医的动机和细心的手法。对不对？”

我们又点点头。

“同等水平的几百个人里面，如果你是学校的主审官，你想第一个选他。对不对？”

我们再次点点头。

“这就对了！就要这个效果！与众不同！只有这样，你才能脱颖而出！你们不久都是要申请学校的，竞争激烈，我希望你们可以记住一点，没有人比你更了解你自己的与众不同。”

接下来那年我申请学校，虽然没有遇上这些要求，我还是附上了一份VCR，里面放了我在大学期间走遍中国时在路途中拍摄的一些照片和在一些偏远国家做志愿教师的片段。我不知道这对于我最后申请成功哈佛大学和剑桥大学有没有帮助（因为我被其他几个学校拒绝了），但是我相信在那么多中国申请者中，我会是少数几个这么做的人之一。

和全世界各地优秀的申请者们比起来，我的专业成绩不算好，我的英语成绩勉强中等，我的各类竞赛和科研项目少得可怜，我的兼职经历也没法跟老外们比，可是我想起码我走过那么多地方的这一特别之处，也能让他们留下许些印象吧。

同时，我很仔细地想过自己跟别人相比究竟有什么优点这个问题，毕竟我也是要去参加各类面试的。

我比别人更聪明吗？没有，物理经常把我折磨到发神经，立体几何还老想不出个空间感，再普通不过的智商了，不过多了点小聪明。

我比别的女孩子个性更开朗更坚强吗？神经，人家要你这种男人婆何用？

我比别人更努力吗？这年头，你以为大家都在虚度光阴吗？在你看得到或者看不到的角落，每一个人其实都很努力，包括面试你的人。

……

想来想去，严峻的现实让我惊恐地发现自己除了那些比别人多走过的地方，真的是一无是处。

可是走的路去过的地方，人家买个票坐个车也能去啊！那能算是我的与众不同，我的特长吗？并不能。

在意识到这一点以后，我开始严肃也开始慌张了。

我逼着自己去学习起码一门未来无论去哪都能够用得上的手艺或是技能，我选的是最最基本的office。

你估计要笑了。起码你也说个photoshop啊！这年头谁不会用office呢？

对的，谁都会用，可有几个能用word做出像是PS出来的报告，有几个能用excel画出漂亮的人形，又有几个能用PPT做出如视频般绚烂的动画效果呢？

现在的我，就有那份自信说，我是少数人中的一个。

在我后来面试时，从对方每每惊讶地看着我说“这简历是你用word做出来的？这动画是你用PPT做出来的”的表情中，我就知道，我起码比别人多了那么点可以自信的资本。

这便是我比别人出色了一点的地方。

无论何时，当有人问我“我为什么要选择你”的时候，我不再需要支吾着说：“我的学习能力很强，我很努力……”而是可以拿出一份简历给他们，“我可以把任何一份报告做得这么特别”，或者拿出一份PPT给他们，“我可以让公司未来任何一次汇报都这么精彩”。

就借着这么点不一样的地方，和这份自信，让我在大四之后几十场面试中过关斩将，屡试不爽。

我们哪个人不希望自己可以是人群中那个不一样的焦点呢？

哪个人又愿意在“我为什么要选择你”这样的问题面前尴尬地闪烁其词躲闪无言呢？

要知道，每多躲闪一次，就是在向内心的那个小人挥舞一次白旗：“我好无能。”

你一定不会喜欢这样的自己。

别再挥着女汉子的旗帜堕落

前几天跟一个负责运营的女孩约了见面谈细节，见面的地方选在他们公司楼下咖啡厅。超过时间八分钟的时候，她匆匆忙忙地来了，穿着很随意，牛仔裤加雪地靴，其间几次忘了拿重要的材料或者是遗忘了我上一次在电话里跟她说的关键要求。

我心里有点不爽，但还是笑着用开玩笑的语气说："你这也太马大哈了吧?!"

原以为她会不好意思，谁知她竟然很坦然地回答："哎，没办法，女汉子嘛。"言语中竟有自豪。

我一愣，不知道怎么接话。

看着眼前比我小那么几岁的她，仿佛看到曾经的我，也如此坦荡。

总会有人在看到我的拼命和独立后，感慨着说"女汉子啊"，可其实我并不喜欢听到这个名词。

最初我也喜欢别人叫我女汉子，这个词语即使不是褒义，但起码也绝不贬义，应该是形容那些外能独当一面，内能持家有条，搬得了重物，走得了远路，生病也能照顾好自己，孤独也不会黏糊男人，内外都独立到令人佩服的女人。

可在这个“找女朋友就该找女汉子”的时代，越来越多的女孩喜欢自称“女汉子”，但是却也打着女汉子的旗号变得懒散、粗心、堕落。

我渐渐开始讨厌这个词语了。

我说这番话，不是因为我天生是个精致讲究的人，而是因为我体会过从一个邋遢粗心鬼到细致认真的人的变化。

熟悉我的朋友都知道，在我应该最美的少女岁月里，我一直都过得非常粗糙。

从起床到出门需要的时间不会超过十分钟，一年四季发型永远都一样，头发永远都在打结，家里的化妆品就那么两三种，而且到过期也还没用完，不喜欢穿高跟鞋，从不用香水，吃肉喝酒比男生还豪迈，房间永远都是乱糟糟的，还美其名曰有温馨感。

每当朋友们对我一脸嫌弃地说“你能不能像个女的”的时候，我都不以为然地说：“我就这么不讲究。”

是的，我一度引以为豪，甚至对历任男友邀功：“这年头你上哪找出门不化妆的女朋友啊。”

在我看来，我不过是不拘小节，大大咧咧。

直到有一次，跟着上司去谈一个香港的客户。席间上司突然有急事出去了一会儿，让我跟那个客户讲案子。本来是蛮有把握的，我自觉也讲得非常不错，客户对我说的也是表示赞同，应该是十拿九稳。谁知回来后上司却很严肃地把我叫进了办公室，说人家客户说要再考虑考虑。

我惊讶地问原因，上司很不满地看了我一眼——我早上因为出门急没有梳的头发，和随便搭配的鞋子，说人家的原话是："因为你的员工看上去对自己都没什么要求，对这个案子想必也不会有多高的要求。"

那天被扣了一整个月的绩效奖金。但是最让我难过的不是没了的奖金，也不是上司的指责，而是香港客户那句说我对自己没什么要求的话。

我在回去的地铁上一直都在想，我是不是真的对自己很没要求。

而答案，居然是让我更难过的"是"。

我好好地审视了一下自己过去的那么多年，尤其是读大学后压力骤增的几年，那时的我堂而皇之的打着学习、工作忙碌没有时间的借口，再加上不拘小节大大咧咧的性格，已然把自己变成了庸碌生活的牺牲品，挥舞着"女汉子"的旗帜，掩饰着自己对自己越来越没要求的堕落。

可事实上，忙碌没有时间根本不足以成为懒惰懒散的借口，为什么那么多优秀的成功女人，事业比我忙碌得多，时间比我紧张得多，人家照样可以把自己收拾得光彩照人，一丝不苟，把办公桌和家里收拾得井井有条，一尘不染？

不拘小节大大咧咧也根本不能够成为麻痹自己的拙劣理由。

对待朋友可以不拘小节大大咧咧，可若是对待自己也不拘小节大大咧咧，又会对工作有多认真细致？谁会放心把重要的事情交到你手里？

我在那班地铁上，也突然想明白了一件事，就是为什么我大学时期的男朋友并不喜欢把我带去跟他的室友和兄弟们吃饭，为什么他最后用一个很可笑的理由跟我分手，但是不久后跟一个漂亮精致的有钱女孩在一起。

为什么？因为我不够拿得出手。

虽然这是个很令人气愤的男权主义占了上风的理由，但这更是个令人惭愧的理由。

我发现我没有办法去指责他。指责他不够爱我吗？

可是反问一下我自己，我足够让他爱吗？

他每次来找我，我都是邋里邋遢蓬头垢面，我够重视他吗？

我每次去找他，仍然是不加打扮，还穿得像个初中生，我够给他面子吗？

我们每次相处，我总是类似的装扮，我给过他任何眼前一亮的惊喜和新鲜感吗？

他每次来我家，房间永远都是乱糟糟的，我给过他家的感觉吗？我给过他未来家庭生活的信心吗？

……

我不敢往下回想了。

突然我就对于这段我一直站在道德制高点的失败感情，有了负疚感。

失败的原因里，我有很大的比重。

虽说感情不能用面子来衡量，他当初爱上我也必定不是因为面子，但是感情是会在面子的消磨中同样慢慢地被消磨。

试问英俊体面的男人哪个愿意带个邋里邋遢的女人出门？

如果你身边的男人愿意一次两次三次这么做，知足吧，他真的足够爱你，请珍惜。

珍惜的方式有很多种，其中一种是尊重他，给他面子，把你自己收拾得光彩些，对自己有点要求。

一个懂得时时刻刻把自己收拾得得体精致的女人，必定是个对自己有要求的女人。

这样的人，懂得如何去同样细致地去完成一项工作，也懂得如何去同样小心地维护一份感情。

所以这样的人，感情再怎样也不会失败到哪儿去，工作也不会差到什么分儿上。

当然，我说的体面精致，可不是浓妆艳抹，袒胸露乳。

我妈年轻时是个很爱美的人。她是我们那座小城市里第一个穿漂亮的呢子风衣的姑娘，也是第一个抹口红喷香水烫卷发的姑娘。

直到现在已经50多岁的她，仍然没有放弃对自己衣着打扮上的讲究。

出门时她都会在镜子前试穿无数套衣服，确保颜色搭配合理恰当，确保最好地掩盖自己屁股大腿粗的缺陷，并且展示腰细胸大的优点，确保了帽子的款式也符合衣服的类型，才会放心地出门。

在外爱美也算是能理解，可是我妈在家里一样穿得跟在外头一样体面，连衣裙丝袜一样都不会少。

我有几次看到她折腾的样子忍不住说：“哎呀，随便穿一下得了。”但都会换来她很认真的回答：“那怎么行！”

这样一个对自己有要求的女人，虽然经历了问题主要不在于她的失败婚姻，在工作上也没有野心只是平平稳稳，但是所有人提到她都会不约而同地说：“嗯，范老师是个很优雅的大家闺秀，她日子过得特别优雅。”

而这样一个母亲，一直对于有我这么个几乎是她的反面的女儿一度表示担忧。因为到了她老人家着急着要为我张罗相亲的年纪了，别人提到我仍然只会是“哦，小姑娘很厉害的！读书好又有能力”，从没有过“很漂亮很优雅很会打扮”之类的形容词。

有一段时间里，她每天都在惆怅，念叨着我要嫁不出去了。

在我妈妈看来，像我这种对自己没要求的女汉子是不会有什么好下场的。

我也以为我会一直这么堕落下去，虽然我在看到那些精致美丽又能干优秀的女人时无比羡慕，自己估计永远都不可能那样。

可是在那次香港客户事件以后，我很明显地改变了。

无论多晚睡，都一定会仔仔细细地洗脸洗澡，让自己舒舒服服地躺在床上，而不是直接扑在床上；

无论多赶时间，都一定会仔细挑选好衣服和鞋子，梳好头发，化一点淡妆，描好眉毛出门；

无论多忙，都一定把自己的工作台和房间收拾收拾，有空闲便给自己煮一壶咖啡或者奶茶；

无论多懒得收拾自己，也一定在男朋友面前保持得体的仪表，不需要刻意去装，但起码要让他觉得眼前一亮。

刚开始的时候，我也会觉得麻烦，毕竟粗糙了十几年突然间要过得精致，也不是什么轻松的事，可当这渐渐地成为了一种自然的好习惯以后，我发现一切都变得轻松和美好起来。

朋友和同事说我变美了，他们更愿意和内外皆优秀的女人成为朋友；

上司愿意让我负责项目和客户谈判，因为我无论是能力还是形象都足够成熟稳当；

客户也愿意与我合作了，因为我细致入微考虑周全注重细节让他们能够放心；

越来越多的机会之门向我打开。

……

我终于明白，以前不是别人离开你，抛弃你。

而是对自己没要求，你自己抛弃了自己。

对自己都没有要求的人，本就不值得被珍视。

梁先生前几天对我的好朋友说："认识她那么久，她仍然是我的心肝宝贝。"

朋友问他为什么？我如此乖张又疯癫。

梁先生说："乖张疯癫任性是她可爱的本性，但是她不会放任自己成为一个妇人。跟她在一起的每一天，我都觉得新鲜而美妙。我想让所有的人都知道她是我的女人。"

是的，我没有伪装自己的本性，依旧大大咧咧没心没肺不拘小节疯疯癫癫。

可是我没有堕落成那个对自己没要求的人。

做个对自己有要求的人，不是要让你把大把大把的时间花在化妆上，也不是让你把成摞成摞的钞票用于买衣服买包包上，更不是让你有超过自己能力的过分追求，而是让你在该对自己认真的时候好好认真，在该让自己精致的年岁里得体的精致，在该让自己男人昂首挺胸的时候挽着你的胳膊骄傲地把你介绍给所有人"这是我的女人"。

一个女人若是连自己都照看不好，的确不能够给他人好好照看工作、照看事业、照看家庭的信心。

这不是虚荣，也不是造作，更不是只看重外表，而是尊重自己有限的人生，尊重信任你的人，尊重爱你和你爱的人。

所以，不要再邋里邋遢丢三落四做不好工作也收拾不利落自己，还一脸自豪地说:“我这是女汉子！”

也不要再蓬头垢面穿着肥大的家居服满脸晦气地问，“为什么我那么爱他，他还要离开我”了！

先对自己有点要求吧，给你爱的人尊严，也给自己尊严。

别给自己留后路，我就是你的后路

梁先生最近很忙很忙，忙到不能再像以前那样秒回我的信息。

隔着1500千米，我都能从他一个小时后回复的“对不起啊，没及时回复你实在是……”里感受到他工作上的不顺利和受到的气。

于是我也不敢多向他抱怨我这里的焦头烂额，遇到什么问题也都自己默默消化。

终于前两天压力很大又很累还被恶心的人气到不行的时候给他留言说：“烦死了！老子不干了！每天累死累活还受气！”

他立马回了条：“我给你打电话吧？你发泄发泄。”

电话很快过来了，我知道他肯定又是花了几秒钟时间狂奔到办公室外面。

我在电话里如愿以偿地发泄了一通，说：“那群坏人！那群混蛋！我不要跟他们打交道！我不干了，不干了！我要天天出去玩儿！”

他很耐心地听我骂骂咧咧，一边附和一边呵呵笑着说：“好啊，好啊，不干了。我养你，你出去玩儿。”

我说：“就你那点工资哪养得起我啊。”

他说：“我努力养。你想做什么，就去做什么。你开心就好。”

简简单单几句对话，心却一下子柔软了下来。撂下电话，心情又变明媚了。

其实我也知道我不可能不干了，我也不可能让他养，就是想听这句话而已。

我前阵子也遇到过一个创业的小伙子，女朋友不支持，于是最后赔了夫人还折了兵。我说的是真的赔了夫人又折兵，分手了，团队伙伴也纷纷退出了。

这样的例子不少，因为一方不支持另一方在做的可能看不到未来的事业，最终在吵吵闹闹中散了场。

每多听一次，我就愈发地感激仍陪在我身边的梁先生。

梁先生和我是在国外的青旅认识的，他住我下铺。

这开头似乎有点艳遇的味道，可事实上完全不是。

我俩一开始谁都瞧不上谁。

我那个时候在沙拉店打工，每天早出晚归，在青旅一住就是一个多月，看着每天多人间里变换着的面孔。因为厌倦述说自己的旅行经历，外加每天工作的疲倦，每天回去洗完澡就爬到上铺，听音乐看食谱。

梁先生第一天晚上来，我便注意到了他，因为他个头高得居然能够俯视上铺的我。我爬上床的时候看他床上摊着满满一大堆科技产品，

iPad Air、电脑、手机、相机、三脚架，以及我都没见过的一堆转换器啊线头什么的。

因为长得高大也不丑，又是一副器材帝的样子，一来就被同屋的几个女生当成了宝。看着他一本正经地给她们解释说："我这个东西很高级的，直接能把相机照片传到iPad上。"我厌恶地转过身去，面朝墙壁，把音乐声音调大。

又是个靠器材博取女生欢心趁机搞艳遇的多金主儿，烦人。

而梁先生，似乎也对我没什么好感，从来没有跟我说过一句话。

事情照这么发展下去，我俩应该在我学厨结束他旅行结束后，各回各家，各找各妈。

可事情的转机就发生在我快要离开那座城市的前几天。

因为很不得已的原因，我请他吃了一顿饭。吃饭的时候我才知道原来梁先生完全不是富二代也不是多金主，他就是一个靠自己努力拼搏奋斗才得以走到现在的普通男生。

他也终于知道我不是外表看上去那么高冷的女孩子，对我的反感也没了。

当我说到自己已经把公司转让的时候，他很明显地犹豫了一下。然后很严肃地对我说："其实，我觉得你不应该转让掉，既然它能赚钱，你就该把它当作个保障。万一这件事情做失败了，你还能够东山再起。"

"我明白你的意思，可是我就是不想给自己留后路。"我抬头看着梁先生说。

"你的勇气我很欣赏，但是这样会不会太鲁莽？你要是失败了，可就一无所有了。"梁先生摇摇头，一脸忧心忡忡。

我笑着不说话。

“哎，还是觉得你这样其实风险很大。不过如果你决定了，我会支持你！”他叹口气，然后直起他的背，郑重其事地说。

我扑哧笑出声来。

其实我并不是多有魄力多勇敢，而是我太了解我自己了。我明白若给自己留后路，自己就一定不会百分之百地用力。

我做过太多“哎呀，没关系啦，大不了我就……”的事情，最后我就真的只做成了后者的事情。

之后，我离开了那里，去了其他国家辗转。而他，在那段时间里，看完了我的书，开始频频关心我的动态。

再之后，我回国开始筹备开店。这期间我无数次备受心灵的折磨，无数次濒临放弃的边缘。

有很多次，崩溃到觉得这绝对没法忍了！不可能坚持下去了！觉得自己做错了决定，觉得自己错误估计了自己的能力。

一天我在被商场负责招商的老女人给耍了一番以后，给梁先生发信息，我说当时真该听你的给自己留条后路。

他秒回信息：“说的什么屁话！留什么后路！你现在只顾低头往前走，当你再抬起头，就会发现，前面的路简直太多了！”

过了几秒钟，又收到了一条：“再说了，不用给自己留什么后路了，我就是你的后路。”

他确实这么做了。

他把工作之余的所有时间都用在了帮我和替我分忧上，他把每个周五和周六的晚上都花在了六小时的往返飞机或者十八小时的中转高铁上；装修时他帮我做苦力搬运工，每周末过来当服务生，店里缺了什么我不会做的东西，他总是第一时间买好寄过来，在每一个我熬夜的晚上帮着我出谋划策。

有一次我看着他趴在地上，耐心地擦拭着墙角的缝隙，给花草浇水，湿了眼眶。

这个男人，他的关怀事无巨细，疼你疼到骨子里。但是最让你感动的是，他把你的梦想，当成自己的梦想去实现。

他把你的快乐，当成自己最大的成就。

他和我相距那么远，他不懂浪漫，不会拍照，不懂说动人的话，可是他用一切微笑的行动，证明着他是我的坚强后盾。

这就是梁先生，一个除了长得高点丑点，一切都普通到不能再普通的男人。

可我想告诉他，你已经是我内心最光亮和宽敞的那条后路。

写这篇文章的时候，心里满满都是感动。

我见过太多说着情话，却不做一丝一毫牺牲的人们。

我常常收到很多信，问我找一个怎么样的男生更好？

思来想去，若是他喜欢你的外在，挺好；他重视你的内在，更好；他珍惜你的纯真，极好；但最好的，莫过于，找一个把你的梦想当成他的梦想去实现的男人，他陪着你，披荆斩棘。

他们始终和你在一起

有篇最近很火的文章，题目是《你是谁并不重要，重要的是你和谁在一起》。

意思是你身边的人什么样，什么层次，直接影响了你是什么层次的人。

其实很早就看过这篇文章，当时在看的时候，我正因为躲避我妈的嫌弃躺在同桌Jean的床上。

我边看边对旁边正在电脑上陪男人斗地主的她说："简直是放屁！什么叫作和你一样优秀的人在一起，你才能变得优秀？什么叫作你身边的人怎么样，你就怎么样？拉倒吧！你看我这么积极向上乐观开朗，这么多年了，你也没变得和我一样！是不是？"

她回头白我一眼，摇摇头，从我怀里一大碗快被吃空的草莓里拿一颗，笑笑，然后继续斗地主。

这样的画面，从我的高中时代起，就不陌生。无论我说什么出格的话，做什么异于常人的举动，她都在那边笑笑，摇摇头，不附和，不反驳。

可我每次看到她的笑，就知道，她始终站在我这边。

哪怕所有人都站在我的对面。

Jean可以算是我为数不多的闺蜜之一。很多人都想不明白，为什么我这么一个疯婆子，最好的女友居然是一个如此文静，甚至说话声音有时都小得让人听不见的女孩。

其实我也不明白。

我们几个好朋友高中毕业后进了不同的大学，虽然都在北京，却极少见面。从大学开始，我的人生轨迹就越来越与他们不同，当我做任何“疯狂”的举动时，我偶尔也会担心，几个哥们儿知道了估计又该骂我了。可我从来不担心Jean会骂我。

在我这几年最孤单落魄绝望觉得全世界都没有人理解我帮助我的时候，当我想到她，就会好受些，应该还有她不会指责我嘲笑我。

我对Jean的信赖或许是从高一那年起。

班主任因为嫌我讲空话、迟到、早恋、成绩一般于是无比讨厌我，把Jean叫到办公室，威逼利诱让她不要跟我坐在一起（好幼稚的行为啊，无力吐槽）。当时另一个好朋友春风正好去交作业，他说他听到了他这辈子以来听过的jean说的最大声的三个字：“不可能！”然后转身走人了。留下班主任和春风愣在原地。

关于这一场她为了我而第一次告别乖乖女与班主任作对的战争，Jean没有跟我提过只言片语。直到一年后春风无意间告诉我，我的眼睛瞬间红了。

我不是个善于表达自己感情的人，所以哪怕我内心有万千只叫作感动的小马在奔腾，我也还是没有说给Jean听。我想，这一点，我俩很像。

但从此以后，我的心里便有了一张名单，一张“挺你到底”的名单，这张名单上，Jean即使不在第一，也在第二。

在我独自闯荡的这些岁月里，我诚惶诚恐地得到了许多赞许，却也踉踉跄跄地遭到了许多诋毁。我知道周围有着无数的嘲笑鄙夷和不看好，但是我始终都如同一只打不倒的小怪兽一般，披着满身伤痕，跌跌撞撞地向前走。因为这张让我温暖的名单。

在我成长的路上，如此幸运地拥有了可以温暖着我的几个人，在我成功时不会嫉妒我不会诋毁我不会想着来蹭点什么，而是替我开心；

在我落魄时不会嘲笑我不落井下石也不拽我，只是默默蹲下看着我，陪着我，不管多久，等着我抬头跟他们说：“好了，我没事了。”

所以，我时常在埋怨命运不公时转而对自己说，上天哪有对你不公，都给了你最宝贵的他们了。

所以，我在第一次看到那篇文章时就想对Jean说的不是什么玩笑话，而是：“其实你是谁一点也不重要，你和谁在一起也不重要，重要的是，无论你是谁，总有几个人始终和你在一起。”

但我没有说。

而今天终于放下该死的“我怎么会说这种肉麻话”的面具来说这些，是因为昨晚高中老师看到了Jean写我的一段文字，发给我看，说：“有友至此，足矣。”

这段文字是Jean在我第一本书出了的时候，买了一本看完然后写的一篇文字，依旧是没有告诉我。我在很久后看到，眼泪掉了下来。

“高中同学见面的时候，总会有人问我丫头的近况，最近又去哪里疯了，或者最近又发生什么事了。‘这家伙总是让人这么不省心。’话题一般都是以这句话结束的。在旅行这件事上，我始终持保留态度。跟她一起爬过一次泰山之后，我断定对于我这样的死宅来说，她的旅行方式确实有点自虐。离开温暖舒适的环境，睡不好、穿不暖，又有可能将自己置身于危险之中。于我而言，这些弊端远大于乐趣。

正因为这种不理解，我也不曾好奇地问她的旅途经历。第一次她从四川回来的时候，她跟我讲过一些路上的事。第二次她远行回来，讲得少了。第三次，第四次，渐渐更少。后来，我只知道她又走了。再后来，直到她在网上发一些照片，我才知道，哦，原来你在那里。聚焦于自己的生活，很多事情就更想不起来了。只知道，她在路上，有好多故事。每一次再见到她，她都在变化。这种变化是内在的，我难以名状。

直到拿到这本书。

拆封后，我拿书拍了个照发给她，证明我要看了。她叮嘱我要好好看，这样才能了解她这些年。我也是这么觉得的。

我想在这本书里找到答案，在路上，是什么让她改变了。

沿着她的述说一路看下来，文字的随意程度让我几度捏汗：这么写书，真的可以吗？尽管如此，我还是常常不经意地笑出声来，或者感动得起鸡皮疙瘩。一路的故事，关乎勇气，关乎信任，关乎感恩，都是真切且强烈的感受。我相信，文字所能够传达的仅仅是一部分，更多的深入血液的体悟，是文字无法承载的。

看完书，我有种强烈的感觉，她并没有变。旅行，只是让她褪去那些本不属于她的东西，更成为她本来的样子。

前言里，她提到锋芒一词，这个我深有体会。过往越是被她在乎的人，越是容易被她刺到。这些刺，往往更深地刺向她自己。我总不知道怎么劝，明明刺到别人会让自己比别人更难受，为什么还要这样呢？真正的她并不希望如此。可这些刺，就像她穿着不那么合身的盔甲，脱不下来。

旅行中，面对着接连不断的未知，还来不及调动各方防御，人的判断往往直接凭借最为真实的直觉。在书里，我看到的是，她越来越信任自己的直觉，直觉到什么是危险，什么是善良，什么是自己真正的意愿和感受。直觉强大了，就能够凭借真实的自我来应付一切，盔甲自然就不需要了。而真实的她，真的是最动人的。

很喜欢封面上的那句话：年轻的时候我们有很多选择，在路上或者在心上。

这话让我有点安慰。无论在路上，还是在心上，我们各自走向相同的终点。”

当时看完，心里感受万千，却无法用文字来表述。若必须要，那恐怕就是：有人可以懂自己，真的是件很幸福的事情。

而因为她的话，接下来的日子，哪怕面对再困难的境地，再恶劣的人，我都努力做到那个她眼里“最真实最动人”的自己。

在这几年又哭又笑的时光里，我可以不伪装地说，我不止一次嫌弃自己没用，不止一次怀疑自己做错，不止一次在众人的孤立中无望，不止一次告诉自己算了吧，放弃吧，回到大家中来吧，折腾啥？

可我总会想起，我濒临绝望时找到Jean以为她也会劝我放弃时，她云淡风轻地说：“我们去吃麻辣烫吧。”我知道她不爱吃麻辣烫，我爱吃。

我也会想起，我找到名单上的人，对他们说“你们骂得对”时，他们一巴掌往我脑门上扇过来说“你神经病啊！折腾去吧，我相信你”时的表情。

因为他们，我无数次坚持下来。

我曾以为，自己奋斗努力是为了有朝一日有很多很多的钱，到处玩儿，住进大房子，开上好车子，也能骄傲地抬起头看着曾经轻易说“不可能”的人。

可我现在才发现，那些都不重要。我的奋斗努力，不过是为了对得起那几个始终信任我和我在一起的人，不辜负他们眼里永远美好的自己。

是的，无论在路上，还是在心上，我们各自走向相同的终点。

这个终点是：

你是谁并不重要，重要的是名单上的人始终都在。

我们都曾是丢了30分钟的孩子

刚过完年，我的生活就更加忙碌了。因为我的店从1家变成了3家，另外还有2家在筹备最牛最难进的商场，纷纷主动向我抛出了橄榄枝。我开始明显的感到力不从心，并且脾气暴躁。

那段时间，我每天处于抓狂的状态，每天都在发脾气，怨自己为什么这里出错那里搞砸。而这些怒火，全都撒在关心我爱我的人身上，通过微信的文字或语音跨越上千公里，换回对方不知该安慰还是心疼的叹息。

那一两个月的时间，我每天从睁眼到闭眼，便像个陀螺一样，被各种事情抽打着高速旋转，而我自己也更加无所适从，更加不开心。

在第N次因为忙而挂掉我妈电话后，终于因为不得不回去办事而回了趟家。

当天中午到，下午三点往回赶。中间路过上小学时每天要走的那条路，故意松了油门，想看看都有些什么变化。可是还没有两分钟，这段路就开过去了。我很惊讶地转头看，怎么回事？这路变短了吗？没变短啊！

可我清楚的记得，那时放学后从这条路走的时间，应该是45分钟。

回家的路上有几棵不知名的树，我每天都会停下来踩树下的小果子。但到现在我都不知道那叫什么，只记得那果子是很小的一颗，外面有层青色的皮，用鞋尖把那层皮踩掉，里面黑色的小果核就会弹出来。踩的轻就弹得近，踩的重就弹得远。一颗接一颗，踩累了接着往前走。若是有小伙伴和我一起回去，那便成了两个人的比赛，一路走一路踩，可以把那一片地面，变成黑色的小汪洋。

我就那么乐此不疲地踩了好几年。

除了踩小果皮，我还乐衷于在炸串串的摊位上买几串香干年糕，蘸满满的酱，边走边吃；在路过文具店时拐进去看看今天有没有新的好看的小本子，哪怕前一天刚看过；路过破旧的五金店门口，会偷偷斜眼看那个每天坐在藤椅里眯着眼睛睡觉的老头，会不会是假装在睡其实窥伺着我们；路过小卖部会忍不住买一包小浣熊，看到里面108将的卡片又是黑旋风李逵，就哀叹一声，把干脆面“嘎啦嘎啦”掰碎了去喂前面那条小狗……

后来那条狗咬了我一口，让我整个小腿肚红肿了一阵，这对童年时的我的人生观和世界观造成了很大的阴影，怎么能这样？我就在那好好站着看着它笑，还每天喂它吃的，它怎么还能咬我一口呢?！至此我再也不信所谓狗狗会感恩的理论，并且见着狗就绕着走。直到高中看到新闻报道说干脆面吃多了会把人的食道划伤，我才幡然醒悟，当年那狗一定也为此痛苦过，才会对我怀恨在心吧。

我爸妈也曾奇怪过我怎么能走那么久，但看我每次都满头大汗的进屋就觉得我肯定很辛苦，“吭哧吭哧”45分钟走到家，吃完午饭，基本又得开始往回走了，连午觉都没的睡，人一直在路上。估计爸妈心里也有对于不来接我的小愧疚，所以每次饭菜都很丰盛。由此我便更加愿意每天慢悠悠地走。

有一次我爸路过学校，全程目睹了我这一路走回家的经过。他倒也是够清闲，居然一路都没喊我，在后面不紧不慢地跟着。最后到家门口，他下了摩托气急败坏的一个“栗子”就敲在我脑壳上：“弄个小宁。”

那顿饭他很没好气地把炖好了的一大碗猪蹄挑了一半出去，说晚上再吃，似乎在后悔一直以来为了慰劳我而做的好伙食。

之后，我知道了这条路其实只要走15分钟，可我仍然每天都走了45分钟。

虽然舍不得半碗猪蹄，可无奈我每天都会被不同的人和物吸引，在不同的地方逗留，东张西望，因微小的变化而好奇琢磨，因不经意的美好而驻足停留，也会因帅气的男生骑过身旁而一路扭捏……

日复一日的走了五年，却从未觉得这条路走腻了。

后来的后来，我走的越来越远了，去了各种各样的城市，最终成了现在这个城市的一员。我的座驾越来越好，我开车的速度也越来越快，快到来不及看路边的景色，更不用说停下来踩果子、买炸串儿、看男生。

我不会再浪费时间在路上东张西望，哪怕刹车等红灯时看着两侧，也是神色凝重似在思考，路边走过了哪些人，他们穿了什么，他们提着什么，他们神色如何，似乎都与我无关；对面的大楼是什么时候有的，旁边的地铁站什么时候多的，这条路什么时候变样了，我也开始后知后觉。

我每天被各种各样的新鲜讯息冲击着，并且被推着不断往前走，而且必须分秒必争。因为别人看着呢。我每天在面对不同的人和事，但似乎也都一模一样。总觉得生活掉进了一个怪圈里，没有太多令人惊喜的事情。

连那种诸如马航失事的另所有人都感慨惊叹的事情，我都无所适从，甚至无动于衷。

我不断去做更多不一样的事，觉得这样应该能跳出这个怪圈。

我不断地把一段45分钟的路努力走成15分钟，我以为这样可以让我获得更多的喜悦感，可这省下来的30分钟也没有为我带来更多欢喜。

我就那样长长地叹了口气，长到我自己都觉得整个人绵软下来。我在路边停车，放下手机，往回走，慢慢地走，一路张望，走走停停。在路人偶尔的诧异的眼神里，在春日温暖的阳光里。

我看到包子铺老板刚蒸出来的一大笼包子，而他在氤氲的热气里眯着眼睛冲我喊："新鲜的香菇肉包，小姑娘要不要来俩？"；

我看到以前的五金店已经全拆了，变成了汽配城，矮小的门脸成了高大的楼房；

我看到我每天会去买辣条和干脆面的小卖部居然还在，只是曾经腆着个肚腩坐门口抡着扇子喝啤酒的老板，已经成了头发花白的小老头，他已经成年的儿子站在门口帮他扛起一箱饮料。

我看到一路走来的地面，没有了那些从树上掉下来的小果子，却多了许多美丽的绿植和花草。

那些我始终纠结着找不出答案的疑问，在那一瞬就突然明了。

我那与生俱来的发现美和善的眼睛，被我的忙碌遮住了。

我走得太快了，快到没发现丢了它们。

那些想要的新鲜和欢喜，是被我自己给弄丢的。

我想，我们都曾是丢掉了30分钟的孩子吧。可不可以现在开始，拾起它呢？

因为那多出来的30分钟，才是我们更不可错过的人生啊！

梦想，并不是用来实现的

写下面这些文字的时候，距离我上一篇文章已经又过去了两个月。本只想在没有停歇过的雨声里稍稍打个盹，醒来发现早已经过了一整个雨季。

时间就这么悄无声息的，让你在疲于应对一些事之后猛地一惊，什么？你这个冷血的家伙又带走了我2015年的一半？

这几个月我身上，又发生了许多不大也不小的事情。

我的名字和米有沙拉的名字，没有任何防备地突然被许多人知道。我突然从一个只是有点厉害有点想法的小老板，成了人们口中成功的创业达人。我每天都能接到无数个电话，而我的不忍回绝让我需要见无数的人。许多人慕名而来，他们管我叫“学霸”，叫“美女”，叫“成功人士”。当然，有的不是来看我，他们只是想看看我的店，看看是否可以分一杯羹，或者不劳而获。

随之而来的，还有异样的声音，比如“有什么好吹嘘的，肯定是家里有钱”等诸如此类的无谓猜测。

那几天里，我没有上微博，也不敢看微信。因为微博里无数@我的人，微信朋友圈被我的文章刷了屏，而那些从不联系或者之前瞧不上我的人纷至沓来的“关心”与“祝贺”让我不知该怎样回应。

我选择了逃避。

是的，如此懦弱。我拒绝了很多演讲、会议、加盟、投资，拒绝一切让我想到便觉得头疼的事情。我突然不太清楚我到底该怎么做，面对那么多的诱惑与选择。

而我的伙伴们不这么觉得。

我的做法让他们觉得不可思议。尤其是陪伴我，看着我一路走来的人。

因为眼前所得到的这一切，在他们看来，太理所应当，甚至来得太晚。我应该欣慰，不是吗？而且，我应该趁胜追击，去让自己万众瞩目，不是吗？

可事实上，并没有，眼前发生的一切改变，让我大脑空白。

我开始彷徨在铺天盖地的赞美、追捧和诱惑前，也开始彷徨在莫名其妙的期许和宏伟前景前。我都不知道自己为何彷徨。

是啊，我应该开心不是吗？

想想啊，那过去的大半年来，我一个人在做一件似乎需要几个人才能做的事，是的，一个人。

别问我怎么做到的，我自己都不知道是怎么熬过来的。

这创业初始的大半年里，孤独，是我最常有的感觉。

对，孤独。

我想起没日没夜拼命装修的日子，手里满是伤痕，却还是费了半天力气也装不好一把椅子，也曾生气地把手上的木板用力地砸向墙壁；

想起一天奔波后接到信息还要在深夜跑去店里做酱，爬上厨房顶柜拿蜂蜜却不小心摔了下来，整桶蜂蜜倒在了地上，使得整个厨房都黏糊糊的，也曾边拿着拖把用力拖地边流眼泪；

想起被招商的人数落，还被物业的人欺负后，走到大楼外面，把车开到没人的地方，难过地弯下腰，嚎啕大哭；

想起被无良的客人刁难，被用心栽培的员工欺骗，强忍着要冲出口的脏话，默默地挤出笑脸；

想起无数个回到家的深夜，累且难过得无法自己，吃很多很多的垃圾食品，完全忘了自己是个沙拉店的老板。

……

想到这些，我那因为长期过度用眼而干涸无比的眼睛开始泛酸。这么看来，我似乎也有忿忿不平，为何我就该活得这么累。白天在人前是阳光、健康、快乐的小太阳，而夜晚，却是独自舔舐伤口的小猫咪。

而现在我终于不孤独了，不是吗？

那么多人知道我，那么多人肯定我，那么多人赞美我，虽然也有那么多人质疑我。还有那么多人加入我的团队，最起码，我不孤独了呀。

可为什么我仍然觉得彷徨？

这样颓唐的局面，在我接到一个电话的时候就开始有了转机。

我在地下车库的车子里，跟一个语速极快，思维极清晰的男人开了个15分钟的电话会议。

这个男人Yuan，现在是我的投资经理。

他对我说，“令凯，我非常认同你，也非常钦佩你。你能来北京吗？如果不方便，我和徐老师这两天来上海找你。”

他口中的徐老师，是新东方的创始人之一，是最著名的投资人之一，也是无数青年人的创业导师。

是的，他说，高烧40度的徐老师，要不顾一切来见我。

虽然他也曾是我在那些个奋战托福和GMAT的日夜里的偶像，但我这样一个从不追星的人绝不会不顾一切去找他。

可就是这样一位德高望重无数人踏破门槛想见却见不到的人，说要来见我。

即使是再不知天高地厚的小子，也绝不会如此不懂尊重。

第二天，我买了去北京的票。

我记得很清楚，那天我穿了红裙子，红色高跟鞋，在大风肆虐的北京见到了徐老师。我的周围，除了徐老师，还有另外六个人。

那场可能算是面试可能算是谈判的会议持续了接近三个小时，我已经不太记得具体每个人说了些什么。我只记得，我仍然很不知天高地厚地坚持了我的估值。

我微笑，有的问题回答不了我就说我自己也还没想清楚。

我甚至看到了其中一位稍年长的女总经理皱了皱眉头，她和另外两人始终关注着那个看似很玄妙的数字。

事实上，我也觉得我的表现糟透了——不圆滑，不灵活，不宏伟，不激情。

让我惊讶的是，徐老师始终站在我这边，他不断地去说服他的成员，他说，我认为值。

他甚至说了所有本来该我说的话。

有那一瞬间，我在想，这是不是投资圈惯有的套路？唱双簧？

直到我听到那一句，“就凭她这个人，我就觉得值。因为她走7国的故事，因为她有比别人更坚定的眼神，因为她比任何人都热爱和珍视她的baby。我觉得她会是这个王国的salad queen！必须投！立刻投！”

继而他转身对我说，“令凯，我知道你不缺钱，但我很希望能够投你，帮助你。你一定要代表这个品牌，把你的初衷，传递出去，改变你想要改变的世界。”

那一刻，我的牙齿发紧，发酸。我开心得想要掐自己。不是因为钱，不是因为得到的赞赏。

而是，原来我的眼神里，还有着别人可以看到的坚定！

原来我的话语里，还有着别人能够感受到的热爱！

原来，最重要的东西，我想起来了，那是被我忘了的初衷！

而这是我，在这几个月来，以为自己丢了的东西！这是我，在这几个月来，不敢面对外界的原因！

原来，还在！

我的魂儿在被排山倒海的各路杂音吹得不知道去哪儿时，这么一句话，终于把它唤回来了！

回去路上、会议上Yuan和Catherine对我说，“这是我加入真格以来，第一次看到徐老师对一个创业者说这么多，第一次看到徐老师按着计算器算得那么仔细。”

说真的，很感动。

我在那么多低调的创业者中，算是幸运的。

几乎每一天，都有无数的人，被创业的大潮推着进入这片深不可测的海域。

总有些还算成功的创业者，举着话筒，高声喊着，“来吧，绝望的学生，绝望的人们，你们该追逐自己的梦想，该做个不一样的自己，来创业吧！”

可是，这个逻辑真的对吗？我们真的绝望吗？我是因为绝望才从一个大学生变为一个创业者的吗？

一点也不。绝望，它不属于任何一个群体。

因为绝望的永远是那些想着一夜暴富或者是一夜成名的人。

只有这些人，才会在刚陷入泥潭时便叫嚣着绝望，也只有这些人，才会红着眼厮杀着前赴后继去争名夺利。

而我们，太容易被社会中杀红了眼的大军推着走，越走越迷茫，忘了最初想要的。

我想起Yuan说的一句话，

“创业的终极目的，是想要抛弃对短暂人生的恐惧，是想要在世界上留下自己的印记。”

是的，我也想要留下自己的印记，但这印记绝不是媒体的报道，世人的认可。

这印记，是自己对自己的认可，是理解者对自己的认可。

就像我在最前面说的，让自己更喜欢自己。

而当我重新翻阅前面的文章，就又开始觉得自己幼稚。我甚至想把全部推翻，我什么资格？居然敢对其他人指手画脚？

我不过是个寻常人，一个经常只听自己内心声音的冥顽不灵的人。

我一点也不成功，因为我在可能会有的“巨大成功”前退缩着，追寻着别人可能看不上的“成就感”。

可是我的闺蜜对我说，“记着，你不是在说教，你是在分享，分享给我们这些比你更彷徨更迷茫的人，你那些迷茫彷徨的时刻，和你坚持下来的理由，会让我们觉得不孤单，也觉得有希望。”

这句话，又一次动摇了我。

是的，我们都需要有一个契机，能够给我们勇气让我们继续走下去，哪怕只是别人的只言片语，也可以让我们在人生的十字路口找到方向并坚定向前。

而我，希望我说的只言片语，支撑你我，一起走下去。

这样会不会有些用处？我那些几乎被我深深埋藏的过往经历，说出来，是不是也会有些帮助？

我把这一年来遇到过的问题，面临过的窘境，拥有过的感悟，得到过的领悟，如此开诚布公地放在你们面前，这整个过程一点也不轻松，更谈不上愉悦。

这期间无数次停下，吸一口气，一边回忆一边叹息曾经不该走的弯路和本该更好的现在。

所以我真的不是来告诉你怎么创业，怎样成功，如何致富。因为我还没这个资格来说这些话，也因为这个世上根本没有可以偷懒的捷径，也没有成功的窍门。停止问怎么办，停止问别人怎么做到的吧，人生总得要自己想办法，不然你只会一辈子好奇。

我们头顶的小太阳，还有始终不要忘了的初心，偶尔，也加上谁的只言片语，也许才是帮我们想出我们人生办法的能量源吧。

而梦想，其实并不是用来实现的，在这风尘仆仆的人世间，因为有它，我们得以一路笑着走到最后。

后记

一切结局都是美好的，若不美好，那还不是结局

前不久一个演讲节目邀我去参加，想让我演讲的主题大概是关于“极致的青春”，说能不能想出一个很好的题目，来吸引大家的眼球，讲讲你从小到大的极致故事。

我在苦思冥想了两天后，最终拒绝了上他们的节目。

我说，不好意思，我实在是没什么极致的故事。

我并不是故作清高，而是我的确觉得在我20多年的光阴里，有90%的时间自己都是个很平庸的人，那剩下的10%能够让现在那么多陌生的人听说我，喜欢我，真的是诚惶诚恐。

我和你们大多数人一样，有着普通到不能再普通的学识与能力，有着平凡到不能再平凡的智商与情商，还有着一般到不能再一般的相貌与身材，我凭什么去诉说我极致的人生？

我多走的那些路，多撞的那些墙，多流的那些血，不过是在听从自己内心的声音，头顶着小太阳，追逐着那片彼岸。

跟极致毫无关系。

没有谁的人生是极致的，因为它永远到不了头。

没有谁的人生就比谁的好，因为他们都是最独一无二的。

撤不了资，也没法翻篇。

“一切结局都是美好的，若不美好，那还不是结局。”

这是一句阿拉伯的谚语。

我第一次看到这句话，正拿着被英国大使馆拒了的签证材料，在阿拉伯大使馆门口的长椅上呆呆地坐着，北京初春的阳光暖暖地包着我，我开始舒服地舒展开身子。

用两个月的生活费买了机票，订了酒店，只等着去英国参加会议的我，就这么被打了回来，我坐在那里，除了心疼机票钱，竟然没有一丝难过。

我在阳光底下眯起眼睛，脑子里想的竟然是，会有好消息的。

我知足地想着，能够坐在这里已经足够美好。

因为三天前还在环岛骑行的我，差点在“嘭”地一声被撞到半空中后丢了性命。

不知道什么时候开始，我经常以这种超乎寻常的乐观去面对所有的不顺利。

但其实我也曾经感慨命运的不公，叹息过时运不济，路途多舛。

还记得在北京的时候，常常因为挤地铁而崩溃，但又会在崩溃的时候选择去挤1号线，在早高峰或者晚高峰。

密密麻麻的人，没有声响，就那么推着你往前走。你压根不需要用力，就上了车，然后又被推下车。无论前天晚上蓄了多少的激情和能量，都会在这来来回回被推进推出的过程中消失殆尽。

这是让我觉得在北京生活的最没有尊严和存在感的时刻，每一次它都让崩溃的我更崩溃，但也让我释怀。

你看呀，这还有密密麻麻的人呢，谁比谁活得更容易呢？

可是照样有那么多的人，在曾经不属于他们的北京，活得潇潇洒洒，漂漂亮亮。

这些人的生活里不是没有琐碎，不是没有不堪，不是没有疲惫，不是没有失望，而是不管生活给了多大的泥沼，都会让自己拔腿出来，有一片自己怡然自得的田地。

离开北京很久以后我才明白，一座城市的包容力就体现在，不但容纳了你这样的怂货，更接受了欺负你的横人。

而无论在哪个城市，都可以是不适合你生存的地方，但也可以是适合你好好生活的地方，关键是看你怎么去过。

我开始理解那句话，**所谓命运，运，是强者的谦词；命，是弱者的借口。**

庆幸的是，我一步步地在接近自己想要的未来，没有变成自己不喜欢的人。

我喜欢用“旅程”来形容一段经历，这不仅仅因为我是个喜欢旅行的人，更是因为我觉得为那路途中惊喜的过程，用旅程来讲再恰当不过。

想想那些这一路遇到的温暖的人、事、物，以及他们为我打开的世界，相比于其他的成就和荣耀，更为重要和深远得多。

有的人说，要用写一本书的力气去写一篇文章，这样才能体会写一本书的漫长时光里充满奇迹、充满发现的旅程感。

我想说，我是在用写一篇文章的力气去写一本书，每一篇文章都是一段或辛酸或坎坷或纠结的往事；

每一篇文章都是不去计较成败、不计得失、不计未来不回头的姿态；

每一篇文章都是含着眼泪咬着牙齿忍住一切向前走的模样。

这个过程一点也不容易。

把自己这些年真实的样子，或丑陋，或悲观，或暴躁，或自卑，和现实那个活泼、开朗、热情的小太阳抽丝剥茧般地分离，自己也很痛。

但伴随着痛的，是发现自己蜕变的欣喜。

一位朋友前不久26岁生日时写下一段话：

“那一天我20岁，在我一生的黄金时代。我有好多奢望。后来我才知道，生活就是个缓慢受锤的过程，人一天天老下去，奢望也一天天消失，最后变得像挨了锤的牛一样。可是我过20岁生日时没有预见到这一点。我觉得自己会永远生猛下去，什么也锤不了我。”

另一个朋友在下面回复他：

“现在我也是26岁，我依然有好多希望。我想爱、想吃，还想在一瞬间变成海底自由自在的鱼儿。我在过去的几年里，被生活的重锤击倒了很多次，可是受伤了，自己舔好伤口；击倒了，自己再爬起来。生活以为我会像老牛般越锤越安静，可是我却像狮子般，越锤越强大，越懂得反咬一口。

我比20岁时更加生猛。”

他说出了我想说的话。

是的，我一天比一天生猛。

当生活拿锤子抡向你的时候，只要捶不死你，你就有机会抡回去。

我现在仍然在追逐梦想的路上，不分日夜，不知疲倦，满脸笑容，浑身冲劲。

或许在你看到这本书的时候，不仅上海，北京、广州也应该都有了Meal Salad，我很欢迎你带着我的书，去我的店里，坐上一会儿，拿你的故事，换一顿免费的沙拉。

因为它就是为有心劲儿的人开的。

当然，也许结局不是这么美好，也没有我想得这么顺畅，但我就是那么笃定：

一切结局都是美好的，若不美好，那还不是结局。

重要的是，在最后的结局到来之前，你还需要有耐心，守得稳初心，等得到转角的光明。